含章
图鉴系列

阅读图文之美 / 优享快乐生活

含章·图鉴系列

哺乳动物图鉴

壹号图编辑部　主编

江苏凤凰科学技术出版社 · 南京

图书在版编目（CIP）数据

哺乳动物图鉴 / 壹号图编辑部主编. — 南京：江苏凤凰科学技术出版社, 2017.4（2022.5 重印）
（含章·图鉴系列）
ISBN 978-7-5537-5942-5

Ⅰ. ①哺… Ⅱ. ①壹… Ⅲ. ①哺乳动物纲 – 图集 Ⅳ. ①Q959.8-64

中国版本图书馆CIP数据核字(2016)第015448号

含章·图鉴系列
哺乳动物图鉴

主　　编　壹号图编辑部
责任编辑　汤景清　祝　萍
责任校对　仲　敏
责任监制　方　晨

出版发行　江苏凤凰科学技术出版社
出版社地址　南京市湖南路 1 号 A 楼，邮编：210009
出版社网址　http://www.pspress.cn
印　　刷　天津丰富彩艺印刷有限公司

开　　本　880 mm × 1 230 mm　1/32
印　　张　6.5
插　　页　1
字　　数　250 000
版　　次　2017年4月第1版
印　　次　2022年5月第2次印刷

标准书号　ISBN 978-7-5537-5942-5
定　　价　39.80元

前言

哺乳动物是动物界中分布最广的动物，有极强的适应能力，从热带到极地，从高山到平原，从雨林到荒漠，到处都有它们的身影，并且它们能根据不同的环境做出相应的身体调整。例如在荒漠环境中，骆驼和跳鼠为了适应干旱的气候，从而进化出有效保持水分的功能，极地环境中的北极熊、北极狐等则都有厚实的毛皮来保持身体热量，而高原上的雪豹、盘羊等为了能够在悬崖峭壁上生存则进化出极强的跳跃能力。

早期哺乳动物是由爬行动物进化而来，出现在地球的中生代三叠纪末期。早期哺乳动物与爬行动物的重要区别在于牙齿的不同，爬行动物的每颗牙齿都是相同的，而哺乳动物的牙齿则因其在颌上的位置不同而分化成不同的形态。此外，爬行动物的牙齿不断在更新，而哺乳动物的牙齿除乳牙外不再更新。中生代时，哺乳动物在动物中所占的比重还很小，但到了中生代末期，地壳运动加剧，恐龙等爬行动物由于难以适应地球环境的改变而灭绝，哺乳动物则显示出很强的生存能力，开始占据许多生态位。进入新生代后，哺乳动物则取代恐龙成为陆地上占支配地位的动物，之后经过不断进化，演化出今天多样化的哺乳动物种群。

本书采用图文并茂的编写风格，选取了具有代表性的哺乳动物，对其进行详细介绍，包括科属、别名、怀孕期、社群单元、采食、特征、分布、大小等，并且还为每个动物配多张高清彩色图片，从不同角度展现哺乳动物的各部位特征，以方便读者辨认。

在本书的编写过程中，我们得到了一些专家的鼎力支持，也有很多哺乳动物爱好者对本书的编写提出了宝贵意见，在此表示感谢！由于编者水平和时间有限，书中难免存在不足之处，欢迎广大读者批评指正。

阅读导航

介绍哺乳动物的别名、科属，了解哺乳动物的基本情况。

介绍哺乳动物的基本知识，包括外形特征、生活习性等，让读者从根本上认识哺乳动物。

介绍哺乳动物的体长、肩高、体重等，便于读者更直观地了解哺乳动物。

介绍哺乳动物个体与群体之间的关系，主要包括群居、独居的形式。

别名：狐獴　科属：食肉目獴科，狐獴属
孕期：约 77 天

猫鼬

猫鼬是一种小型哺乳动物，外表呆萌可爱。它们通常不会主动攻击任何动物，如果遇到危险，会采取逃跑的方式来躲避。它们的形态很特别，通常保持弓起后背、踮起四肢以及竖立毛和尾巴的姿态，以观察周围环境。它们的另一个显著特征是眼睛周围被黑色包围，具有太阳眼镜般的功能，使它们在阳光下能清晰地看见远方的事物，甚至可以直视太阳。

◎ 大小：身长 25 ~ 35 厘米，尾长 17 ~ 25 厘米，雄性体重约 731 克，雌性体重约 720 克。
◎ 栖息环境：炎热、干旱的环境。
◎ 分布：非洲南部。

毛皮的颜色通常是浅黄棕色掺杂着灰、古铜或微带银的棕色

爪子2厘米长，不能缩回，可弯曲、挖洞、猎食

耳朵为新月形，可闭合，挖洞时闭起来以避免泥沙进入耳内
眼睛周围的黑色圈纹，像戴着一副太阳眼镜
腹部为深色皮肤，毛发稀少，光吸收能力强
尾巴又细又长，尾端为黑色，可用作三脚架来保持直立的姿势

社群单元：群居　采食：以蝎子、蜘蛛、蜈蚣、小型哺乳动物、小型爬行动物、鸟类等为食

78 哺乳动物图鉴

介绍哺乳动物的孕期，了解哺乳动物的生育情况。

别名：野驼、野生双峰驼、野骆驼　　科属：偶蹄目骆驼科，骆驼属
孕期：12 ~ 14 个月

双峰驼

双峰驼是干旱地区的主要野生动物，是沙漠的标志性景观。它拥有灵敏的嗅觉，既耐饥渴，又耐高温，可以 10 多天甚至更长时间不喝水，能在沙漠中长途奔走。如果它的身体极度缺水，可将驼峰内的脂肪分解，产生的水和热量可满足其身体需要。它性情温顺，易驯服，是沙漠中的重要运载工具，可运载 170 ~ 270 千克的东西每天走约 47 千米，最高速度可达每小时 16 千米，被誉为“沙漠之舟”。

◎ 大小：体长约 3 米，肩高约 1.8 米，体重 800 ~ 1000 千克。

◎ 栖息环境：草原、荒漠、戈壁地带。

◎ 分布：原产亚洲中部的土耳其、中国和蒙古，在中国分布于甘肃、青海、新疆和内蒙古等。

眼体突出，视角大，眼睑双重，睫毛长而浓密

背有双峰

两瓣足大如盘

全书配有高清图片，可以让读者从整体上认识哺乳动物。

介绍哺乳动物生存的自然环境。

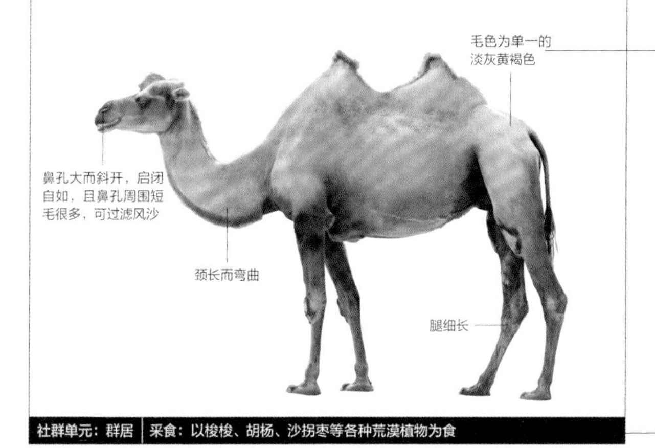

毛色为单一的淡灰黄褐色
鼻孔大而斜开，启闭自如，且鼻孔周围短毛很多，可过滤风沙
颈长而弯曲
腿细长

通过对哺乳动物各部位的图解，让读者快速认识和了解哺乳动物身体的各部位特征。

社群单元：群居　|　**采食：以梭梭、胡杨、沙拐枣等各种荒漠植物为食**

第二章　荒漠哺乳动物　79

介绍哺乳动物的食物构成。

目录

斑马

第一章 草原哺乳动物

袋鼠

第二章 荒漠哺乳动物

第三章 森林哺乳动物

第四章 高原和极地哺乳动物

北极熊

第五章 水生哺乳动物

什么是哺乳动物

哺乳动物是指脊椎动物亚门下的哺乳纲，它们属于用肺呼吸空气的温血脊椎动物，因其通过乳腺分泌的乳汁哺乳幼体而得名。它是动物发展史上最高级的阶段，也是在日常生活中我们最为熟知的动物类群之一。很多家养的宠物和动物都属于哺乳动物。人类也是哺乳动物，具备这一类动物所有的典型特征，其中猿和猴与人类有最近的亲缘关系。

共同特征

哺乳动物与其他动物的区别主要表现在以下 5 个方面：第一，哺乳动物大多数身体被毛，即使是外表光滑的鲸科动物，其身体的某些部位也有少量毛发。毛发是它们的保护层，起到遮挡风雨和隔绝冷热的作用，有时也可以防止蚊虫叮咬。第二，哺乳动物是温血动物。它们依靠身体内部产生的热量来维持恒定体温，一般保持在 25 ~ 37℃。无论外界的环境温度怎么变化，哺乳动物都可以使身体维持在这个恒定的体温，减少了身体对环境的依赖。第三，哺乳动物多数是胎生，除单孔类外。它们主要依靠腺体产生的乳汁哺育后代，哺乳动物的类群名称也是依此而来，以这样的方式哺育后代，保证了较高的成活率。第四，经过漫长时间的分化演变，哺乳动物的牙齿分化出了门齿、犬齿和颊齿。牙齿的分化使它们可以利用口腔咀嚼，不仅有利于食物的消化，而且大大提高了动物身体对能量的摄取。第五，哺乳动物具有高度发达的神经系统和感官。这使得它们在日常活动中能够协调复杂的机体活动和适应多变的气候条件。

类群

虽然大多数哺乳动物以胎生的方式繁育后代，但仍然有少数哺乳动物采取其他的方式繁育后代。根据繁殖方式的不同，哺乳动物可以分为3个类群：第一类是单孔类和卵生的哺乳动物。雌性能够产生卵，经过长时间孵化出幼体。这一类的哺乳动物仅分布在大洋洲，主要包括针鼹和鸭嘴兽。第二类是有袋类，母体一般具有育儿袋。这一类的哺乳动物虽然也采取胎生的方式繁育后代，但幼体在母体子宫内发育的时间很短，发育早期幼仔就出生。刚出生的幼体极小，既看不见也听不见，且四肢发育不完善，没有毛发。幼体出生后便会进入母体的育儿袋进行二次发育，在育儿袋中依靠乳汁继续生长。第三类是胎盘类，这一类是哺乳动物的主体。幼体在母体子宫内通过胎盘吸收营养，发育到较高程度，出生时已经是一个健全的个体了。

特化的哺乳动物

哺乳动物中的大多数生活在陆地上，但也有一些生存在其他环境中。这些哺乳动物的身体形态和四肢结构为了适应特定的环境而发生相应的变化，比如鸟状哺乳动物和鱼状哺乳动物。鸟状哺乳动物为了适应飞翔生活，特化出主要用于飞行的羽毛，这些羽毛形成严密的防风外壳，使鸟体呈现出流线型的轮廓，对于飞翔和平衡起到了决定性的作用。蝙蝠是鸟状哺乳动物中较为特别的一类。蝙蝠为了适应环境的变化和飞翔，它的前肢已经特化为翼状，长长的指骨之间有薄而富有弹性的翼膜，虽与其他鸟类的羽毛有所不同，但是却具有相同的作用。而鱼状哺乳动物，如鲸、海豚等为了适应水中的游泳生活，身体日趋向鱼类靠近，演化出流线型的形状。它们的前肢已经特化为鳍状肢，身体的后部也特化为鳍状尾。

哺乳动物的种类

哺乳动物隶属于动物界、脊索动物门、脊椎动物亚门、哺乳纲。它种类繁多、分布广泛，有多种划分方式，根据生育方式的不同可划分为单孔目、有袋类、胎盘类，根据生活习性的不同可划分为草原哺乳动物、荒漠哺乳动物、森林哺乳动物、水生哺乳动物、高原和极地哺乳动物，还可综合外形、头骨、牙齿、附肢和生育方式等划分，将其分为原兽亚纲、后兽亚纲、真兽亚纲 3 个亚纲，现存 28 个目 4000 多种动物。

草原哺乳动物

在陆地上，草原占据了大概 1/4 的面积，经常与热带和亚热带的灌木丛和稀疏的大树相互融合，形成多样性的环境。开阔的生态环境使草原上的动物大多以聚居的方式生存，并且有很快的奔跑速度和坚韧的毅力，以保证能够捕捉到食物和躲避危险。草原还是一些小型哺乳动物，如啮齿动物等地下生活者活动的场所。

荒漠哺乳动物

荒漠稀疏的植被和严苛的生存条件限制了生物的多样性，但是在这里依然有多种不同种类的动物，这些动物大多数具有极强的耐热抗暑能力以及各具特色储存水分的方式。食草性动物从进食的草中获取水分，或者从岩石和植物表面凝结的露水中获取水分。为了减少水分的流失，荒漠中的哺乳动物排出的粪便通常都很干燥，尿液也是经过高度浓缩之后再排出。有“沙漠之舟”称呼的骆驼在水草丰富的地方会大量进食，把吸收的水分和能量储存在驼峰之内，之后的很多天都可以不进食。

为了抵抗炎热，荒漠中大型的哺乳动物一般会在夜间活动，从一个地点移动到另一个地点，并且边走边咀嚼食物。而一些小型的哺乳动物则会白天躲在洞里休憩，清爽的早晨和黄昏是它们活动取食的时间。在荒漠中生存的哺乳动物需要具备长途跋涉的能力，因为一些大型的哺乳动物对水汽有非常灵敏的嗅觉，它们会根据降水的方位而进行迁移，从而带动其他动物一起迁移。

森林哺乳动物

森林为动物提供了丰富的食物和赖以生存的环境，使得这里有着极其丰富的哺乳动物类群。这些动物或在树间穿梭生活，或在地面生活。很多树栖的哺乳动物如猿、猴等以其长长的尾巴和强健有力的四肢在树间生活，避免来自地面的危险。地面的腐叶和掉落的果实又为小型哺乳动物提供了食物。

森林中的哺乳动物的毛发通常呈现出深浅不一的颜色，与四周的环境相互协调，在遇到危险时有很好的伪装作用。甚至有一些猫科哺乳动物身上的斑点与树枝之间斑驳的影子相互混杂。

水生哺乳动物

水生哺乳动物为了适应水中的生活，经过漫长的演变，已和最初的四肢爬行动物有了很大的不同。为了能够在水中快速滑行，大多数水生哺乳动物演化出了有利于推动前进的尾鳍和控制方向的鳍状肢，以及光滑而流畅的线条状身体，很少有毛发，但也有例外。海豹为了能够保持陆地上的生活，仍保留着厚厚的毛发，但其四肢也进化成了鳍状。这些鳍状肢使动物在水中活动时起到控制方向和平衡的作用，避免发生翻转。

为了减少热量散失，在水中保持恒温，这些水生的哺乳动物经过漫长的演化大都体型较大且有厚厚的脂肪，起到了很好的御寒作用，而突出的器官也减少了热量的散失。在水中生活的哺乳动物用肺呼吸，它们要定时到水面上呼吸新鲜的空气，以获得足够的氧气。

高原和极地哺乳动物

极地和高原地区因为气候寒冷，常年被冰雪覆盖，很多动物在这里很难生存下来，于是也形成了较低的竞争压力。生活在这里的哺乳动物为了适应严酷的环境和保持活动能力，经过演变发展已经进化出了各种不同的功能。

在极地和高原寒冷的环境中，许多哺乳动物拥有厚重的毛发，这些厚重的毛发主要起到伪装、防水、防雪的作用，更重要的是起到保暖的作用。除了身体上的毛发，有一些哺乳动物甚至连脚掌上都有浓密的毛发。这使得它们在悬崖峭壁上捕捉食物时有良好的防滑能力。在极地和高原活动的哺乳动物还有一个重要特点，就是它们的毛发会随着季节和环境的变化而呈现出不同的颜色，以便于遇到危险时实施伪装。甚至为了减少身体热量的散失，一些哺乳动物经过演化，身体变得短小，避免了体表大面积受寒。

哺乳动物的身体构造

皮肤系统

哺乳动物的皮肤紧密、结构完善，有良好的抗透水性和敏锐的感觉功能，可控制体温，起到保护身体的作用。其主要有以下两个特点：

第一，结构完善，哺乳动物的皮肤由表皮和真皮组成。表皮由角质层和生发层构成，且有许多衍生物，如各种腺体以及毛、角、爪、甲、蹄等；真皮由胶原纤维及弹性纤维的结缔组织构成，两种纤维交错排列，其间分布有各种结缔组织细胞、感觉器官、运动神经末梢及血管、淋巴等；真皮下发达的蜂窝组织可以贮藏脂肪，故又称皮下脂肪细胞层。

第二，衍生物多样，包括皮肤腺、毛、角、爪、甲、蹄等。皮肤腺根据结构和功能的不同，可分为乳腺、汗腺、皮脂腺、气味腺等。乳腺为哺乳动物所特有的腺体，能分泌含有丰富营养物质的乳汁，哺育幼仔；汗腺的主要功能是散热及排出部分代谢物；皮脂腺的分泌物含油，有润滑皮肤的作用；气味腺的主要功能是标记领域、传递信息、自卫防护。毛为表皮角化的产物，主要功能是绝热、保温，通常每年有一两次周期性换毛，一般夏毛短稀，绝热力差，冬毛长且密，有良好的保温性能。角是哺乳动物头部表皮及真皮特化的产物，可分为洞角、实角、叉角羚角、长颈鹿角、表皮角等。爪、甲和蹄都是皮肤的衍生物，是指(趾)端表皮角质层的变形物。

骨骼系统

哺乳动物的骨骼系统发达，主要由中轴骨骼和附肢骨骼两大部分组成。中轴骨骼包括颅骨、脊柱、胸骨及肋骨；附肢骨骼包括

肩带、腰带、前肢骨、后肢骨。这些骨骼具有支撑、保护和运动的功能，主要特点是：头骨有较大的特化，具有两个枕骨髁，下颌由单一齿骨构成，牙齿异型；脊柱分区明显，颈椎 7 枚，结构坚实而灵活；四肢下移至腹面，将躯体撑起，以适应陆地的快速运动。

肌肉系统

哺乳动物肌肉系统的主要特征是四肢及躯干的肌肉具有高度可塑性，为适应不同的运动方式，出现了不同的肌肉模式。

消化系统

哺乳动物的消化系统包括消化管和消化腺，主要特点是：消化管分化程度较高，出现了口腔消化，且消化腺发达。消化管包括口腔、咽、食道、胃、小肠、大肠、肛门等；消化腺除 3 对唾液腺外，在横膈后面和小肠附近还有肝脏和胰脏，可分别分泌胆汁和胰液，肝脏除分泌胆汁外，还可贮存糖原、调节血糖，使多余的氨基酸脱氧，形成尿液及其他化合物，并将某些有毒物质转变为无毒物质，合成血浆蛋白质。

排泄系统

哺乳动物的排泄系统完善，包括肾脏、输尿管、膀胱和尿道，此外，皮肤也是哺乳动物特有的排泄器官。排泄系统的主要功能：将细胞代谢的废物排出体外，以及保持细胞生存所依赖的内环境相对稳定。

呼吸系统

哺乳动物的呼吸系统十分发达，空气经外鼻孔、鼻腔、喉、气管进入肺，主要的呼吸系统包括鼻腔、喉、气管、肺和胸腔。

循环系统

哺乳动物的循环系统包括血液、心脏、血管及淋巴系统，使身体能够维快速循环，以保证有足够的氧气和养料来维持身体体温的恒定。哺乳动物的血液与其他脊椎动物不同：红细胞无核，呈两凹扁圆盘状，在哺乳动物中仅骆驼科和长颈鹿科的红细胞呈椭圆形；红细胞体积与其他纲的脊椎动物相比要小；红细胞的数量较其他脊椎动物多；这些特征增加了红细胞的表面积，并提高了其与氧气的结合能力。哺乳动物的心脏位于胸腔中部偏左的心包腔内，腔内有少量液体，可减少心脏搏动时的摩擦。血管包括动脉、静脉和毛细血管。淋巴系统也十分发达，这可能与动脉、静脉内血管压力较大以及组织液难以直接经静脉回心有关。

神经系统

哺乳动物具有高度发达的神经系统，其大脑和小脑体积增大，并发展了新脑皮，脑表面形成了复杂皱褶（沟和回），形成高级神经活动中枢。哺乳动物的大脑皮层空前发达，故智力高于其他非哺乳动物。

感官系统

哺乳动物的感官系统高度发达，它们靠发达的感官系统发现食物、躲避敌害及寻找合适的栖息环境，同时其感官系统也是种群间进行通信联系和一系列行为反应的器官。

哺乳动物的繁殖

哺乳动物采取有性繁殖的方式繁育后代，由雌性的卵细胞和雄性的精细胞结合，形成受精卵，进而发展成胚胎。

求偶和交配

动物求偶，通常会发出一些求偶信号，可以是声音、气味，也可以通过视觉感受。雄性往往通过声音吸引雌性，而雌性则会以散发气味的方式来告知雄性自己的生殖状态。当雄性的数量多于雌性时，雄性往往采取争斗的方式争夺交配权，通常最强壮的个体会取得胜利，这样保证了后代的健康，并有利于种群的延续。

哺乳动物的受精过程是在体内进行的，雄性的精子进入雌性的体内与卵细胞结合，形成受精卵。大多数的哺乳动物会在每年固定的季节集合在一起进行繁殖。如海豹就是这样集合在一起繁殖的，幼体一般是在食物充足的春季或者夏季出生。

卵生和胎生

哺乳动物的繁殖方式主要包括卵生和胎生两种。

卵生的哺乳动物，主要是指单孔类。这一类的幼体在卵内发育，经过长时间的孵化，幼体破壳而出，再吮吸母体的乳汁长大。单孔类哺乳动物不多，仅有 5 个物种，主要包括鸭嘴兽和针鼹，分布在东南亚和澳大利亚一带。鸭嘴兽的繁育方式比较独特，它的乳汁是从乳腺渗透到腹部，供其幼体舔食。

胎生的哺乳动物，包括有袋类和胎盘类。有袋类的哺乳动物大约有 292 种，雌性哺乳动物都有一个育儿袋。幼体在子宫内发育约 1 个月后出生，然后进入母体的育儿袋进行二次发育，大约到 6 个月时出袋，如袋鼠。刚出生的幼体很小，没有听力和视觉，只能依靠母亲的保护生存。

胎盘类的哺乳动物占哺乳动物的很大一部分。幼体在母体的子宫内发育，通过胎盘将母体血液中的氧气和营养物质传递给幼体，并排出废物，以保证幼体的发育。像出生在开阔地带的幼体羚羊，一般刚出生几分钟就可以行走和奔跑，而出生在巢穴中的幼体则意味着发育不健全。水下出生的哺乳动物幼体与陆地上先露头部不同，它们是尾部先出。出生后的幼体需要立刻到水面呼吸新鲜的空气。

照料

哺乳动物繁殖的一个特点就是双亲照料的时间比较长，一般幼体在出生后靠母体的乳汁维持生存，并受到父母亲的保护，直到能够独立生活。双亲照料的时间不等，一些大型哺乳动物如大象、猿，最长的双亲照料时间可达 10 年，甚至更长。在双亲照料的时间里，幼体可以通过很长时间的学习期，观察、学习捕食动物的行为、方法，为以后生存做准备。

哺乳动物的生活习性

捕食

作为温血的哺乳动物比冷血动物需要更多的食物来维持其恒定体温，其食物范围广泛，从肉类、菌类、植物、血液、粪便等无所不包。根据食物的不同，哺乳动物可分为肉食性、植食性以及杂食性。

肉食性哺乳动物，以肉和鱼虾为食，如食肉目中的大多数动物，包括猫科（如猫）、犬科（如狗、狼和狐狸等）、鼬科（如水獭）等，以及所有的水生哺乳动物如海豹、海狮、鲸鱼和海豚等。在这些肉食性的哺乳动物中，有一些具有很独特的进食习惯。其中狗熊和大熊猫，虽然属于食肉动物，但是它们只吃很少的肉类，而食虫目中也有一些捕食肉类的动物，如鼹鼠。蝙蝠中的吸血蝠依靠吸食猎物的血液获取营养。

植食性哺乳动物以植物为食，由于植食性食物的营养和能量较低，因此，植食性哺乳动物为了保持体能，需要花费更多时间进食。植食性哺乳动物具有发达的臼齿，能够充分咬碎进食的食物，对于有毒和有刺的植物，它们有很好的自我防御能力。在这些植食性的哺乳动物中，一些体型较大的动物如大象，虽然要食很多的食物，但是因其消化能力不高，很大一部分不能被消化。

在哺乳动物中，杂食性哺乳动物占有很大的比例，其取食范围很广泛，从植物到卵、肉类、昆虫等。最大的杂食性哺乳动物是熊类，尽管它们看起来极其笨重，但是却可以灵活地爬上树和灌木丛采食果实。在熊类中，只有北极熊是基本上全靠肉类为食。除此之外，灵长类动物也是杂食性动物。

感官和通信

哺乳动物利用自己的感官发现路径、寻找食物、判断危险、进行交流等。它们的通信方式有吼叫、气味标记等多种方式，以加强伙伴之间的关系、寻找配偶、警告入侵者、争夺统治地位等。

哺乳动物有视觉、听觉、味觉、触觉和味觉 5 种感觉，其感觉器官的发育受环境影响很大，如蝙蝠在夜间活动，它们的眼睛实际上是看不见的，而斑马和羚羊生活在视野开阔的草原，它们的视觉则异常敏锐。生活在森林中的猴类，由于茂密的树林遮挡了其视线，它们则主要依靠声音进行交流通信。每到拂晓时分，便可听见各种吼叫，它们通过这些吼叫和其他成员交流，互相告知位置和有没有危险，并发出警告。

活动

哺乳动物一般利用四肢进行活动，但也有一些例外，如袋鼠主要用双足行走，蝙蝠、鼹鼠、长臂猿等主要用它们的前足活动，而鲸鱼和海豚则根本不利用肢体。

哺乳动物的运动速度与其肢体的长度和身体的长度比例有关，一般如马、鹿等腿较长的动物奔跑速度较快，而如鼹鼠等则行动

速度缓慢。而有袋类的动物则利用足在后肢中所占的比重进行跳跃运动，如袋鼠。还有一些哺乳动物可以在空中滑翔，但真正在空中飞行的哺乳动物只有蝙蝠。水生哺乳动物依靠进化出的鳍状肢和鳍在水中遨游跳跃。

群体

根据生活方式的不同，哺乳动物可分为独居和群居。植食性哺乳动物比肉食性哺乳动物的社会性要明显，社会群体的构成随环境、季节、繁殖周期、生活周期和食物的可利用性等的变化而变化，但多数哺乳动物会在幼年时期与同类个体生活一段时间。

肉食性的哺乳动物更倾向于独居，这样可以减少区域内的同类对食物资源的竞争，如猎豹、老虎、灵猫和獴等。

植食性的哺乳动物一般倾向于群居。有些哺乳动物则以家族的形式生活，一个群体中一般包括雌性、雄性配偶及其后代，如狮子、狼、大猩猩等；一些有蹄类动物往往是一个物种或几个物种组成很大的群，如斑马、瞪羚等；还有一些灵长类动物，会形成一雄一雌的配对关系，这种关系可以维持一年或几年的时间，一些长臂猿甚至可以相伴终生，这样可以减少在繁殖交配季节由争夺交配权而带来的风险。

人类与哺乳动物

人类对哺乳动物的驯化与引入

人类与哺乳动物的关系史就是人类征服自然的历史，从开始的惧怕到后来的驯养，人类逐渐学会了利用自然。

人类驯养动物使其变得温顺，攻击性降低，从而与人类和谐相处。最先被驯化的动物可能是狗，大约 1 万年前由狼驯化而来，还有一些与人类关系密切的哺乳动物，如马、牛、羊、猪等都有很长的驯化历史。此外，有一些哺乳动物曾经被驯化过，但后来又逃脱人类的控制，成了野化的哺乳动物。这些野化的哺乳动物如单峰驼，它曾被探险者带入澳大利亚，但是后来由于种种原因，如今已经成了澳大利亚的野生动物。

人类引入外来物种的活动，对于本地哺乳动物来说，极有可能也是一种伤害。如澳大利亚新引入的动物与本地的有袋类形成竞争，不仅为土著的哺乳动物造成生存危害，而且还可能对本地的生态环境造成极大的破坏，这种引入活动包括重新引入。重新引入就是把一个物种引入它的原生地。这种重新引入的物种面对一个新的环境，可能要面临严峻的生存压力。因为其原先的生存环境已被其他的物种所取代。

人类与哺乳动物的现状

现在，许多哺乳动物都面临着灭绝的威胁。据权威数据显示，有近 1/4 的哺乳动物的生存环境受到威胁，有 180 种处于极度濒危的状态，尤其是一些体型较大的动物，如大型猫科动物、鲸类等，它们比小型动物更容易受到环境的影响，这些都与人类的活动有着密不可分的关系。

第一，人口膨胀对动物栖息地的破坏。由于人口膨胀，人类为了生存，需要从自然界中获取更多的资源，因此森林砍伐之后，被用来种植庄稼、养殖牲畜、建造房屋和道路等。这样就带来了土地侵蚀、物种替换的恶果，使原本在森林中生存的动物无处安家，尤其是一些树栖类动物，如松鼠、猴子等。

第二，环境污染对动物的影响，主要包括河流的化学污染和油类泄漏，导致动物的食物来源受到污染，动物食用这些被污染过的食物会造成低度中毒。

第三，滥捕、滥杀导致动物数量大幅减少。虽然从20世纪80年代起，许多国家都制定了野生动物保护法，禁止猎杀一些濒临灭绝的野生动物，但是仍然有一些不法组织为了谋取利益而猎杀动物。没有被列入保护范围的那些物种，如今已有很多面临濒危。尤其是鲸类，它们繁殖的速度很慢，要恢复到原有的生态水平大概需要几十年的时间。

人类如何保护哺乳动物

随着全球气候变暖和生态环境变化，许多哺乳动物都面临着灭绝的威胁，为了保持地球物种的多样性，人类应该采取措施保护哺乳动物。

第一，保护生态环境，为野生动物的生存提供各种所需资源。建立国家公园和自然保护区是保护野生动物的最有效措施，但为了适应一些大型猫科动物和有蹄类动物的生存，保护区的面积要足够大，使它们能够建立自己的领地，并在此生殖繁衍。

第二，进行圈养繁殖。当一些动物面临严重困境时，可以采取圈养的方式避免物种的灭绝，并通过交换个体来优化种群的基因，保持一个健康种群的遗传多样性，之后再把圈养繁殖的个体放归自然。如金头狮狨在20世纪80年代得到很好的繁殖之后，已经重新引入到了巴西。

第三，对野生动物进行数据监测，以便能够及时掌握动物的生存状况。许多科学家、野生动物保护的工作者和志愿者等，通过监测动物的血样和肠道分泌物以及记录鸟类的迁徙路线等，来获取广泛的信息，以便能够更好地保护动物。如活动范围较大的哺乳动物还可以实行卫星追踪，通过卫星发射的信号进行全球追踪，以便实行更好的保护。

第一章
草原哺乳动物

草原占了地球陆地面积的 1/4，
广阔的草原维持了许多哺乳动物的生存，
它们具有一些共同特征：
第一，集体行动。因草原视野开阔，
草原哺乳动物为了自我防护集成大群。
第二，奔跑速度快。因为草原植被低矮，
只有速度快，才是制胜的法宝。

别名：八叉鹿、黄臀赤鹿、红鹿、赤鹿　科属：偶蹄目牛科，羚牛属
孕期：约 9 个月

羚牛

羚牛是中国的国家一级保护动物。羚牛不属于牛，而近于寒带羚羊，因体形如牛般健壮，头、尾似羚羊般小、短，叫声又与羊相仿，故名羚牛。它四肢粗壮，肩高于臀部；毛色从南向北逐渐变浅，并依老幼的不同，其毛色色泽也存在差异，一般老年个体为金黄色，且背中没有脊纹，而幼体则为灰棕色；颌下和颈下胡须状的长毛呈下垂状；雄、雌都生有一对牛角似的角，形状粗大，角尖光滑，先从头顶向两侧弯曲，然后再折向后上方，角尖则向内扭曲。

➲ 大小：体长 180 ~ 200 厘米，肩高 110 ~ 120 厘米，体重 200 ~ 300 千克。

➲ 栖息环境：高山悬崖地带。

➲ 分布：仅产于亚洲的中国、印度、尼泊尔、不丹和缅甸 5 个国家。

颌下和颈下长着胡须状的长垂毛
四肢粗壮，为黑色

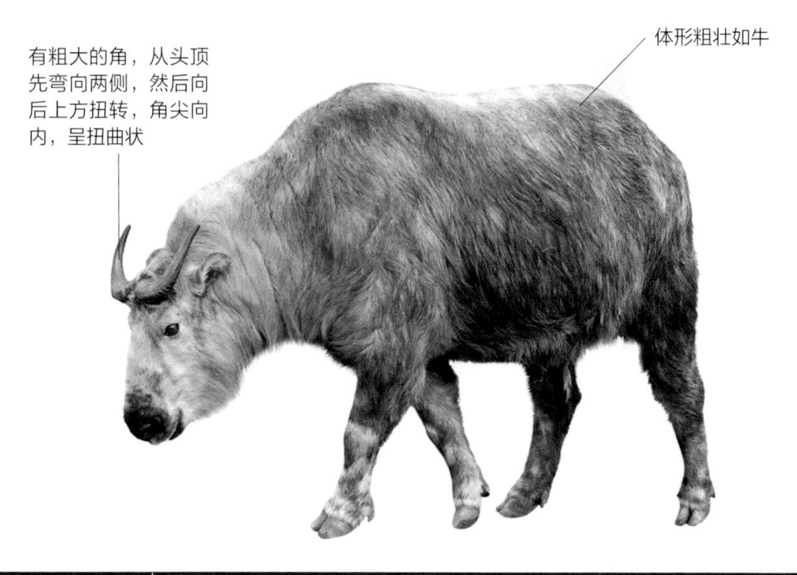
有粗大的角，从头顶先弯向两侧，然后向后上方扭转，角尖向内，呈扭曲状
体形粗壮如牛

社群单元：群居　采食：以灌木、幼树、嫩草及一些高大乔木的树皮等为食

别名：八叉鹿、黄臀赤鹿、红鹿、赤鹿　　**科属**：偶蹄目鹿科，鹿属
孕期：225 ~ 262 天

马鹿

马鹿体型高大，属于大型鹿类，又因外形似马而得名“马鹿”。它随季节的不同而变换生活环境，但一般不进行远距离迁徙。它特别喜欢生活在灌木丛、草地等处，因为这里既隐蔽性强，又有充足的食物，但如果食物稀少，它也能在荒漠、草地及农田等环境中生存。它通常在白天活动，特别是黎明前后。它常受到熊、豹、豺、狼、猞猁等捕食者威胁，但由于其性情机敏、奔跑速度快以及拥有敏锐的听觉和嗅觉，且又有巨角作为武器，因此，它能与捕食者进行搏斗。

◎ 大小：体长约 180 厘米，肩高 110 ~ 130 厘米，雄性体重约 200 千克，雌性体重约 150 千克。

◎ 栖息环境：灌丛、草地。

◎ 分布：欧洲南部和中部、北美洲、非洲北部、亚洲。

身体呈深褐色，背部及两侧有一些白色斑点

雄性有角，一般分为6叉，最多8个叉
鼻端裸露，其两侧和唇部为纯褐色
耳大，呈圆锥形
尾巴较短
四肢长
蹄很大

社群单元：群居　|　**采食：以各种草、树叶、嫩枝、树皮和果实等为食**

别名：麒麟、麒麟鹿、长脖鹿　科属：偶蹄目长颈鹿科，长颈鹿属
孕期：约 15 个月

长颈鹿

长颈鹿是现存最高的陆生动物。由于它们的身高极高，为了使心脏能把血液输送到大脑中去，它们需要有比普通动物更高的血压，但又由于它们的颈部很长，同时为了避免血压过高，耳朵后方则进化出了特有的瓣膜，当它们低头时，瓣膜便会调节血压。此外，它们的长颈和长腿，还有利于热量散发，能起到很好的降温作用，但又由于腿部过长，只能叉开前腿或跪在地上饮水，这时极易受到捕食者地袭击，因此，长颈鹿通常不会一起喝水。

- 大小：雄性身高 4.5 ~ 6.1 米，雌性身高 4.1 ~ 5.5 米；雄性体重 900 ~ 2000 千克，雌性重量 700 ~ 1300 千克；颈部长度约 2.4 米。
- 栖息环境：热带、亚热带的稀树草原、灌丛以及树木稀少的半沙漠地带。
- 分布：非洲的埃塞俄比亚、苏丹、肯尼亚、坦桑尼亚和赞比亚等。

头顶有1对骨质短角，角外包覆着皮肤和茸毛

头部具有坚硬的角状头盖骨
眼睛大，且突出，位于头顶上，适宜远望
全身被毛疏短，身披浅黄底色，身上布满形状大小不同的黑褐色花斑网纹

社群单元：群居 | **采食：以树叶及小树枝等为食**

吻部较尖
躯干较短，从肩到
臀向下倾斜
耳朵大，呈竖立状
尾短小，尾端
有黑色簇毛
颈特别长，约2米，
颈背有1行鬃毛
四肢长，且强健，
前肢略长于后肢，
蹄大

别名：北美野牛、美洲水牛、犎牛　　科属：偶蹄目牛科，美洲野牛属
孕期：270 ~ 285天

美洲野牛

美洲野牛体型巨大、性情凶悍，属于大型哺乳动物。种群内的公牛会形成一个集体，以保卫种群内的母牛，驱散对它们有威胁的其他公牛。在交配季节，公牛为了争夺与母牛的交配权经常发生争斗，它们会大声朝对方吼叫，在尘土中翻滚，并摆动头部，拉开架式，以试图吓退对方。这时，通常会有一方先让步，否则它们就会打起来，先是撞击头部，撞落的毛发飞得到处都是。再相互僵持、绕圈，然后找准时机，突然转身冲向对方，以牛角为武器试图刺伤对方。胜利者就可与母牛交配。

大小：体长2.1 ~ 3.5米，肩高1.5 ~ 2.0米，体重350 ~ 1000千克。

栖息环境：草原。

分布：美国和加拿大的大平原，由加拿大远北的大奴湖至南面的墨西哥，再由奥勒岗州东部至大西洋一带。

头部体积大并
有宽阔的前额

肩部长满了长而蓬松的粗毛，沿头部、颈部、肩部和前肢覆盖全身

社群单元：群居　|　采食：以嫩茎旱草为食

头上长有一对向上
弯曲锋利的双角，
即使面对最富攻击
性的猎食者也不会
退缩
身体的前半部巨大，
肩膀犹如高耸的驼峰
毛发呈栗褐色
脖子短粗，
健壮

别名： 普氏野马、蒙古野马、太尔潘、塔希、奇各台、踏嘿　　**科属：** 奇蹄目马科，马属
孕期： 约 11 个月

野马

躯体不大，体型酷似家马，比野驴略大

野马身体强健、性情暴躁，拥有敏锐的视觉和听觉，善奔跑，耐渴，3 天饮 1 次水即可。夏季是野马的觅食季节，它们通常数十只结成群，由一头雄马率领在草原上活动。它们凭着自己与灰褐色泥土相似的保护色，逃避敌害。如果遇上狼群，它们也不会畏惧，而会镇定地迎击狼群。因此，狼也不敢轻易侵犯它。冬天是野马的迁徙季节，在迁徙的路上，它们通常以雪解渴，以雪下的枯草及其他植物来充饥。

◎ 大小：体长 2.2 ~ 2.8 米，肩高 1.3 ~ 1.5 米，体重 200 ~ 250 千克。

◎ 栖息环境：山地草原、荒漠及水草条件略好的沙漠、戈壁。

◎ 分布：亚洲、美洲、欧洲、大洋洲。

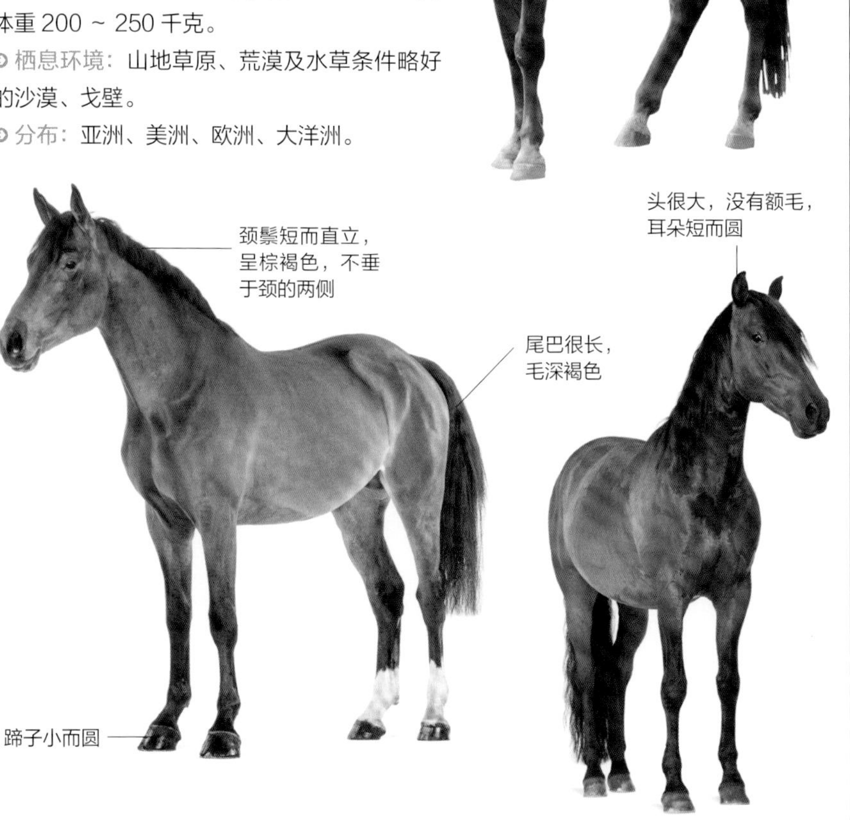
头很大，没有额毛，耳朵短而圆
颈鬃短而直立，呈棕褐色，不垂于颈的两侧
尾巴很长，毛深褐色
蹄子小而圆

社群单元：群居 | **采食：以野草、苔藓、芦苇等植物为食，冬天也能刨开积雪觅食枯草**

别名：汤普森瞪羚　科属：偶蹄目牛科，瞪羚属
孕期：约 188 天

瞪羚

瞪羚因眼睛很大，眼球外凸，总是像在瞪眼，故而得名。它娇小的身体，胆小的性格，敏捷的身手，使“逃跑”成为它逃生的主要方法，一旦发现危险，便会急速奔跑。它的奔跑速度极快，在非洲草原上，仅次于猎豹。两种善跑的动物常常在草原上展开“追逐战”，但由于瞪羚拥有急速转弯的技能，猎豹虽然速度比瞪羚快，但很难追上瞪羚。雄性瞪羚通常会为了伴侣和领土发生激烈地争斗，失败者必须离开现有群体。

矮小粗壮，善跑好斗

- 大小：体长 80 ~ 120 厘米，肩高 60 ~ 80 厘米，体重 15 ~ 30 千克。
- 栖息环境：热带草原。
- 分布：非洲。

雄性的角又长又弯
毛色为棕色和白色
身体两侧有一条黑线
腿部为白色

社群单元：群居 | **采食：以嫩的、容易消化的植物为食**

别名：无　　科属：奇蹄目马科，马属
孕期：11 ~ 13 个月

斑马

斑马身上的黑白条纹，是它的显著特征，也是同类识别的主要标记之一。这些黑白条纹早在母兽的妊娠早期就已形成。由于胚胎的各部位发育不同，斑马出生后，各部位的条纹也不同，有的较宽，有的较窄。这些黑白条纹是斑马形成的适应环境的保护色，可以起到防卫的作用。因为狮、豹等捕食者只能辨别黑白两色，如果斑马聚集在一起，食肉动物将无法辨别具体目标。因此，可以起到保护的作用。

- 大小：体长 200 ~ 240 厘米，肩高 120 ~ 140 厘米，尾长 47 ~ 57 厘米，体重约 350 千克。
- 栖息环境：水草丰盛的热带草原。
- 分布：非洲东部、中部和南部。

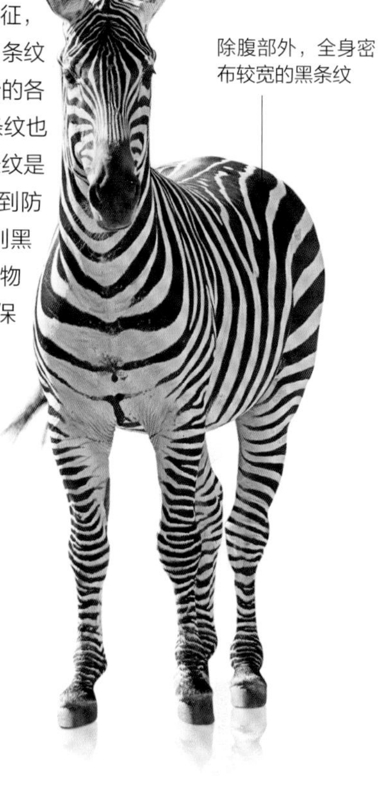
除腹部外，全身密布较宽的黑条纹

耳狭长

眼生在头的两侧，视觉较阔

黑色的鼻子

有近似马一样的外观

社群单元：群居 | **采食：以草、灌木、树枝、树叶、树皮等为食**

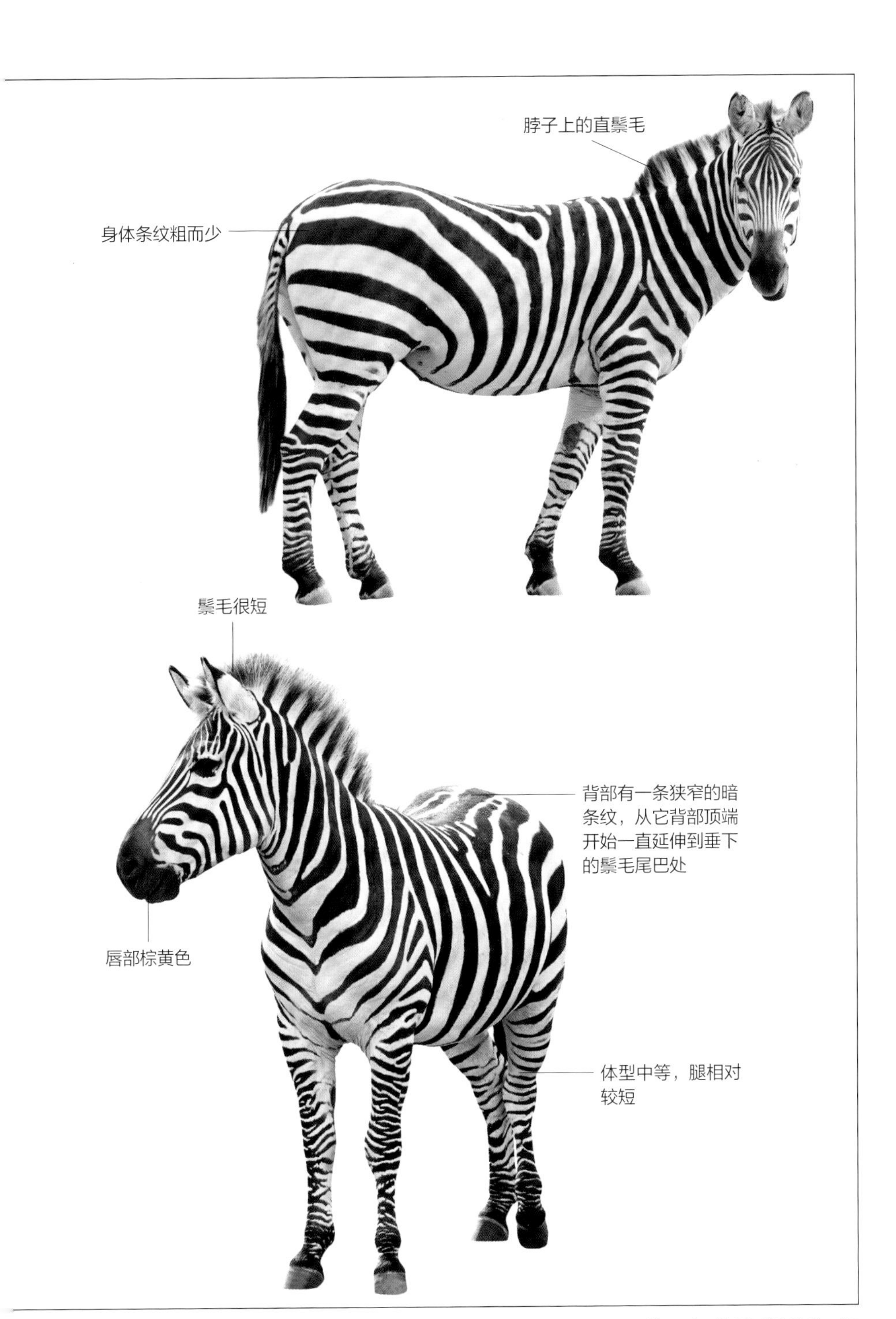
脖子上的直鬃毛
身体条纹粗而少
鬃毛很短
背部有一条狭窄的暗条纹，从它背部顶端开始一直延伸到垂下的鬃毛尾巴处
唇部棕黄色
体型中等，腿相对较短

别名：牛羚　　科属：偶蹄目牛科，角马属
孕期：约5个月

角马

角马属于羚羊的一种，身材高大，生活在非洲草原。它的头部似牛、面部似马、须发似羊以及斑纹似羚羊，似乎是由几种动物“抄袭拼凑”而成。角马每年都要进行长途迁徙，而非洲肯尼亚的马拉河则是角马迁徙的必经之路，每年10月，这里都会上演著名的“天国之渡”，上百万头角马从3000千米外迁徙到这里觅食、繁殖。

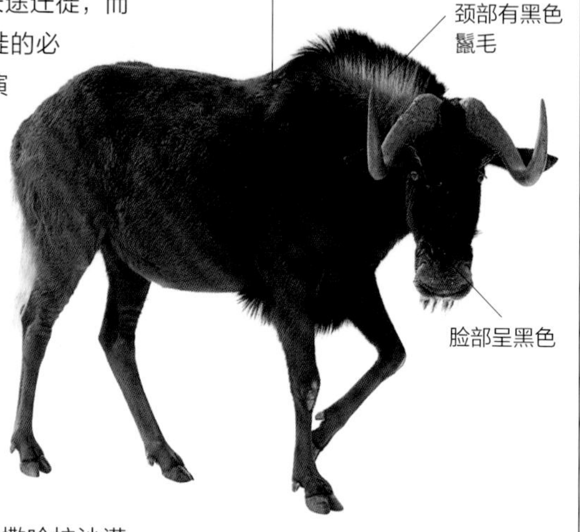
全身从蓝灰到暗褐色，长有长长的毛，光滑并有斑纹
颈部有黑色鬣毛
脸部呈黑色

◎ 大小：雄性体重200～274千克，身高125～145厘米；雌性体重168～233千克，身高115～142厘米。

◎ 栖息环境：热带草原性气候区，如非洲塞伦盖蒂草原、马赛马拉草原等。

◎ 分布：非洲大陆东部和南部，即撒哈拉沙漠以南的非洲。

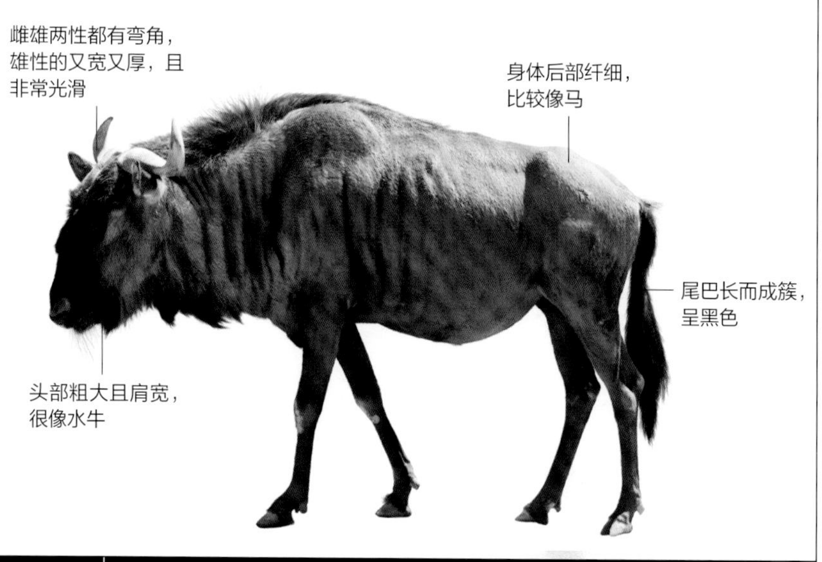
雌雄两性都有弯角，雄性的又宽又厚，且非常光滑
身体后部纤细，比较像马
尾巴长而成簇，呈黑色
头部粗大且肩宽，很像水牛

社群单元：群居 | 采食：主要以草、树叶及花蕾为食

别名：普通疣猪、厄立特里亚疣猪　　科属：偶蹄目猪科，疣猪属
孕期：170 ~ 175 天

非洲疣猪

非洲疣猪，因眼部下方的疣状物而得名。它们具有群居性，一般由一头或数头雌性疣猪和幼猪组成小型群体，有时成年雄性疣猪也会加入其中。它们通常居住在洞穴中，既可以躲避天敌，又可以防晒。它们还很好斗，通常用长而尖的下犬齿进行防卫。除了掠食者，它们不会主动进攻非洲大草原上的其他动物。

◎ 大小：体长 0.91 ~ 1.5 米，肩高 0.64 ~ 0.85 米，体重 50 ~ 150 千克。

◎ 栖息环境：森林、灌丛、山地草原。

◎ 分布：遍布非洲大陆，除热带雨林和北非沙漠外。

犬齿发达，雄性上犬齿外露并向上弯曲，形成獠牙

头较大，占体长的1/3
背部有深棕色至黑色的鬃毛
吻部长，形成猪鼻，嗅觉发达

社群单元：群居 | **采食：以青草、苔草及块茎植物等为食，偶食腐肉**

别名：野狼、豺狼、灰狼　　**科属：**食肉目犬科，犬属
孕期：约 63 天

狼

狼是食物链的次级掠食者，通常合作捕食。因此，狼是群居性动物，具有森严的等级制度。狼群通常以家庭为单位，或由一对具有优势的雄性和雌性领导，或由最强的一头狼领导，一般 7 匹左右组成一个狼群，也有少数狼群可达到 30 匹以上。狼群具有领域性，若领域内个体数量增加，那相应的领域范围就会缩小。狼群的领域范围不会重叠，一般只在自己的领域内活动，如果发现有入侵的狼群，它们会以嚎声宣告领域范围，并对其发出警告。因此，狼群之间不可能协作行动。

- 大小：体长 130 ~ 200 厘米，肩高 66 ~ 91 厘米，体重 32 ~ 62 千克。
- 栖息环境：苔原、草原、森林、荒漠、农田、湿地等。
- 分布：除南极洲和大部分海岛以外，遍布全世界。

外形与狗、豺相似，
体型中等、匀称

嘴长而窄，有约
42颗牙齿，犬
齿及裂齿发达

社群单元：群居 | **采食：以食草动物及啮齿动物等为食**

四肢修长
耳尖且直立，嗅觉
灵敏，听觉发达
毛粗而长，毛色随
产地而异，多为棕
黄或灰黄色，略混
黑色，下部带白色
鼻端突出
尾挺直状下垂夹
于两后腿之间，
多毛，较发达

别名：无　　科属：食肉目猫科，狞猫属
孕期：68 ~ 81 天

狞猫

狞猫属于猫科动物，体型较小，有酒红色、灰色、沙灰色及黑色等多种颜色。狞猫最显著的特征是拥有黑色的长耳朵，由于它由 20 条不同的肌肉控制，因此，极其灵敏，可以用来帮助寻找猎物，而耳朵上的一簇毛发则能帮助它精准地确定猎物的位置。它具有领地意识，会用尿液标记出它的领地范围。它善跳跃，善奔跑，能捕捉鸟类。它耐渴，可以长时间不饮水，水分的需求可由猎物体内的水分满足。

◎ 大小：体长 60 ~ 92 厘米，尾长 23 ~ 31 厘米，肩高 38 ~ 50 厘米，体重 13 ~ 18 千克。

◎ 栖息环境：草原和半沙漠地带，但也有少量分布在林地、灌木丛等，甚至海拔 3000 米的山地也有存在。

◎ 分布：非洲、西亚、南亚西北部等。

耳朵又大又尖，且长有长长的黑色丛毛，背面呈黑色

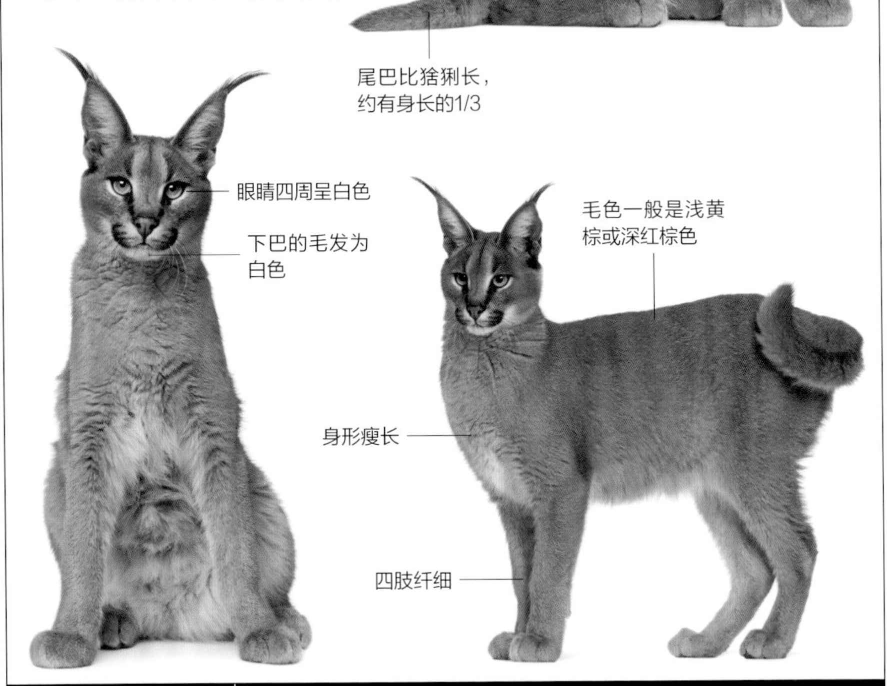
尾巴比猞猁长，约有身长的1/3
眼睛四周呈白色
下巴的毛发为白色
毛色一般是浅黄棕或深红棕色
身形瘦长
四肢纤细

社群单元：独居或成对 | 采食：捕食啮齿目动物和野兔，偶尔也会攻击小型羚羊或年幼的鸵鸟

别名：铜钱猫、石虎　科属：食肉目猫科，豹猫属
孕期：63 ~ 70 天

豹猫

豹猫是体形较小的食肉动物，其体形略大于家猫。它有许多种颜色，一般南方豹猫为黄色，北方豹猫为银灰色，但胸、腹部皆为白色，斑点则为黑色。它喜欢在夜间活动，尤其是在晨昏时分，经常单独或成对地出现在近水处活动和觅食。它的窝通常建在树洞、土洞、石缝中或石块下，虽然它主要在地面活动，但它的攀爬能力却很强，能敏捷地在树上活动。

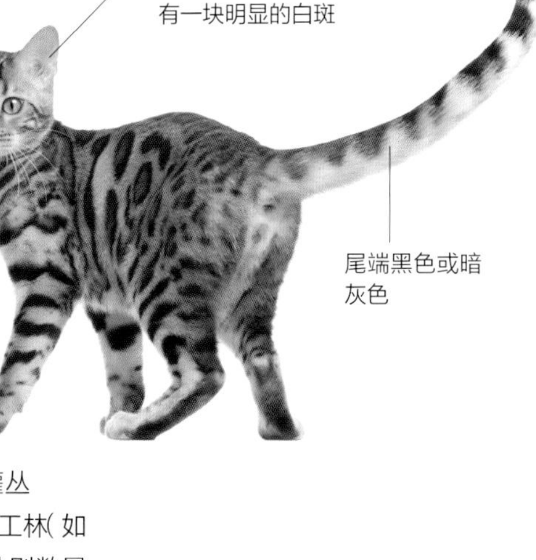
耳朵小，呈圆形或尖形，耳背黑色，有一块明显的白斑
尾端黑色或暗灰色

- 大小：体长 36 ~ 66 厘米，尾长 20 ~ 37 厘米，体重 1.5 ~ 8 千克。
- 栖息环境：山地林区、郊野灌丛和林缘村寨附近，在半开阔的稀树灌丛中数量最多，浓密的原始森林、垦殖的人工林（如橡胶林、茶林等）和空旷的平原农耕地则数量较少。
- 分布：亚洲。

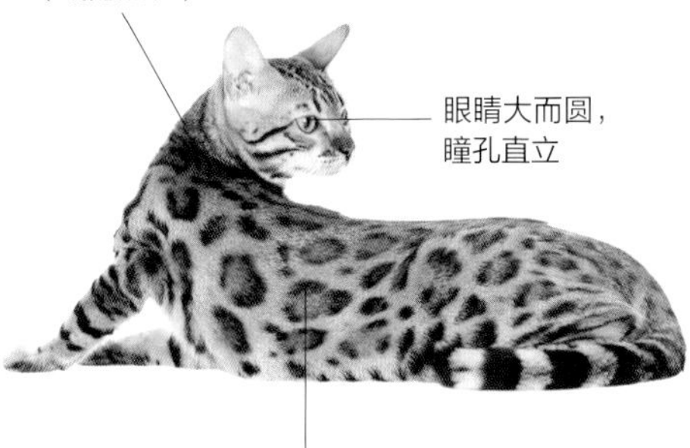
从头部至肩部有4条黑褐色条纹（或为点斑）
眼睛大而圆，瞳孔直立
背面的体毛为棕黄色或淡棕黄色，并布满不规则的黑斑点

头形圆
胸腹部及四肢内侧白色

社群单元：独居或成对 | **采食：以啮齿类、鸟类、鱼类、爬行类及其他小型哺乳动物为食**

别名：草原之王　科属：食肉目猫科，豹属
孕期：100 ~ 119 天

非洲狮

非洲狮是非洲现存最大的猫科动物。它们是群居动物，通常由 9 ~ 20 只狮子组成一个狮群，其中包括数只成年雌狮、1 ~ 2 只成年雄狮以及若干幼狮，而狮群的核心是雌狮。它们往往从小在一起生活，有着密切的血缘关系，共同捕食，共同哺育幼狮。狮群中的雌狮负责狩猎，它们合作狩猎的成功率极高，并且全天皆可出击，但夜晚的成功率比白天要高。它们一般先包围猎物，然后逐渐收紧包围圈，而这时，狮群中雌狮的分工也有所不同，其中有些狮子负责驱赶猎物，其他狮子则负责伏击，雄狮则很少参与捕猎，它们主要负责保卫领地。

◎ 大小：肩高达 1.1 米以上，雌狮全长可达 3 米，体重可达 180 ~ 350 千克。

◎ 栖息环境：热带的草原或半沙漠地带。

◎ 分布：非洲撒哈拉沙漠从南到北的草原上。

雌狮毛发短，体色有浅灰、黄色或茶色

雄狮的耳朵既短又圆
雄狮有很长的鬃毛，鬃毛有淡棕色、深棕色、黑色等，长长的鬃毛一直延伸到肩部和胸部

社群单元：群居 | 采食：以野牛、羚羊、斑马、长颈鹿、非洲象以及一些小型哺乳动物等为食

雄狮鼻骨较长，
鼻子是黑色的
尾巴相对较长，
末端还有一簇深
色长毛

雌狮的耳朵呈
半圆形
雄狮的头部较大，
脸型颇宽
爪子很宽
四肢非常的强壮

别名：非洲草原象　　科属：长鼻目象科，非洲象属
孕期：约 22 个月

非洲象

非洲象是陆地上现存最大的哺乳动物。它性情温柔而敦厚，最显著的特征就是巨大的耳朵和长长的鼻子。象耳和象鼻的功能比较特殊，象耳具有散热的功能，可保持身体凉爽，而象鼻则具有承重的功能，可用来抓举东西。它们是群居动物，象群通常由 20 ~ 30 只大象组成，其中包括数只雌象、少数雄象以及幼象。雌象是象群的核心，象群中的多数成员是它的后代，而群体中的多数雄象在成年后则必须离开，只有在交配期才会回到群体。虽然象群的等级制度森严，行动由地位高低决定，但群体成员之间通常都十分友好。

大小：体长 6 ~ 7.5 米，尾长 1 ~ 1.3 米，肩高 2.3 ~ 4 米，体重 2.7 ~ 5.5 吨。

栖息环境：热带稀树草原以及半沙漠地区。

分布：非洲。

体色为灰棕色

表皮粗糙，上面有许多环列的皱纹
头顶扁平，前额突起

社群单元：群居	采食：以青草、树叶、嫩枝、野果等植物性食物为食

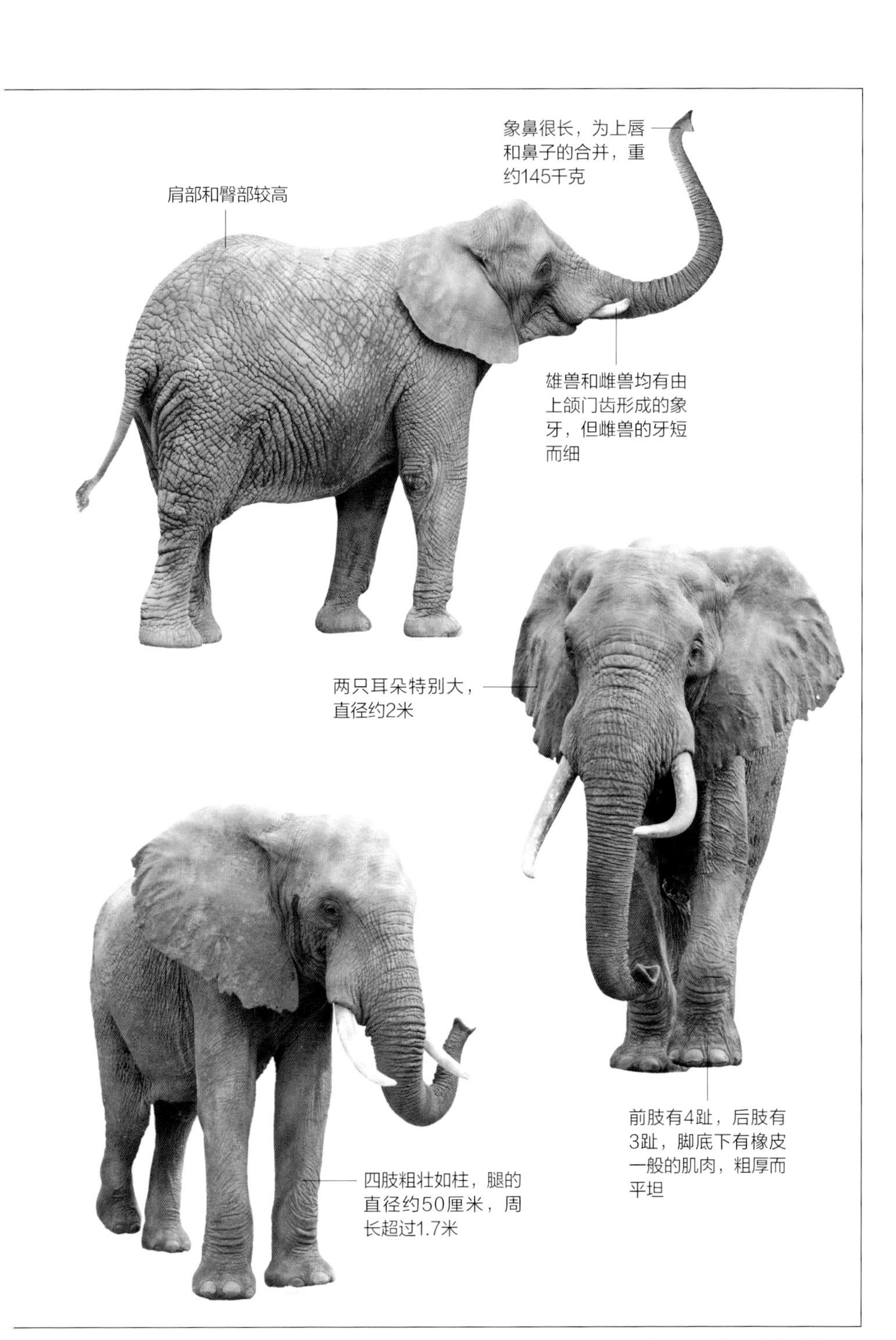
象鼻很长，为上唇
和鼻子的合并，重
约145千克
肩部和臀部较高
雄兽和雌兽均有由
上颌门齿形成的象
牙，但雌兽的牙短
而细
两只耳朵特别大，
直径约2米
前肢有4趾，后肢有
3趾，脚底下有橡皮
一般的肌肉，粗厚而
平坦
四肢粗壮如柱，腿的
直径约50厘米，周
长超过1.7米

别名：欧亚猞猁、林曳、猞猁狲、马猞猁、山猫、野狸子　　**科属：**食肉目猫科，猞猁属
孕期：约 2 个月

猞猁

猞猁属中型猫科动物，虽然外形与家猫相似，但却比家猫要大。它的耐性和耐力都很好，既可以连续蛰居几天，也可以连续奔跑几天。它性情机敏、行动谨慎，如果遇到危险，能迅速采取措施，或躲避到树上，或卧倒在地。它通常会隐蔽在草丛、灌丛、石头、大树等猎物常出没的地方，直到猎物走近，才伺机捕捉。如果捕捉失败，它会重新回到原地，继续等待，而不是紧追不舍。

➲ **大小：**体长 80 ~ 130 厘米，尾长 16 ~ 23 厘米，体重 15 ~ 30 千克。

➲ **栖息环境：**寒冷的高山地带，从亚寒带针叶林、寒温带针阔混交林至高寒草甸、高寒草原、高寒灌丛草原及高寒荒漠与半荒漠等各种环境。

➲ **分布：**欧洲和亚洲北部。

耳尖生有黑色耸立的簇毛
眼周毛色发白

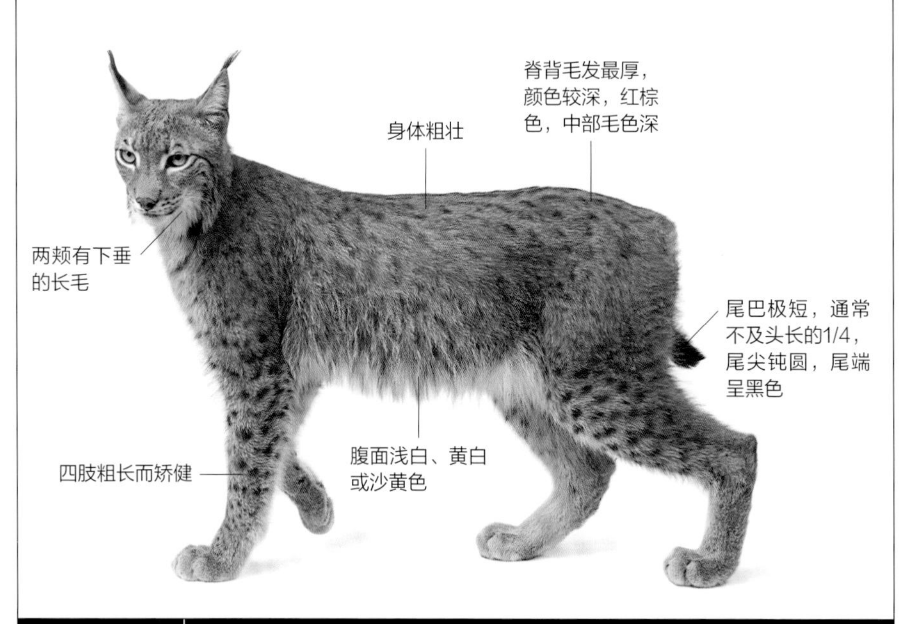
脊背毛发最厚，颜色较深，红棕色，中部毛色深
身体粗壮
两颊有下垂的长毛
尾巴极短，通常不及头长的1/4，尾尖钝圆，尾端呈黑色
腹面浅白、黄白或沙黄色
四肢粗长而矫健

社群单元：独居 | **采食：以鼠类、野兔、小野猪、小鹿等为食**

别名：无　　科属：灵长目猴科，狒狒属
孕期：235 ~ 270 天

狒狒

狒狒属于大型猴类，体型仅次于猩猩，并且生性凶猛，敢和狮子、老虎等猛兽对峙。它们是群居动物，通常结群生活，每个群的数量从十几只至百余只不等，社群生活极为严密，有严格的等级秩序和严明的纪律，惩罚的残酷更是令人害怕。野生狒狒通常几年就会发生 1 次争战，争战的结果往往是分群或换王。群体通常以年轻健壮、体型高大的雄狒狒为核心，群体内分工明确，有专门负责眺望的，也有专门负责警卫的。它们通常合作捕猎，且成功率很高。

◎ 大小：体长 50.8 ~ 114.2 厘米，尾长 38.2 ~ 71.1 厘米，体重约 60 千克。

◎ 栖息环境：热带雨林、稀树草原、半荒漠草原和高原山地，更喜在开阔的多岩石低山丘陵、平原或峡谷峭壁中生活。

◎ 分布：非洲。

雄性的颜面周围、颈部、肩部有长毛，雌性则较短
四肢等长，短而粗，适应地面的活动

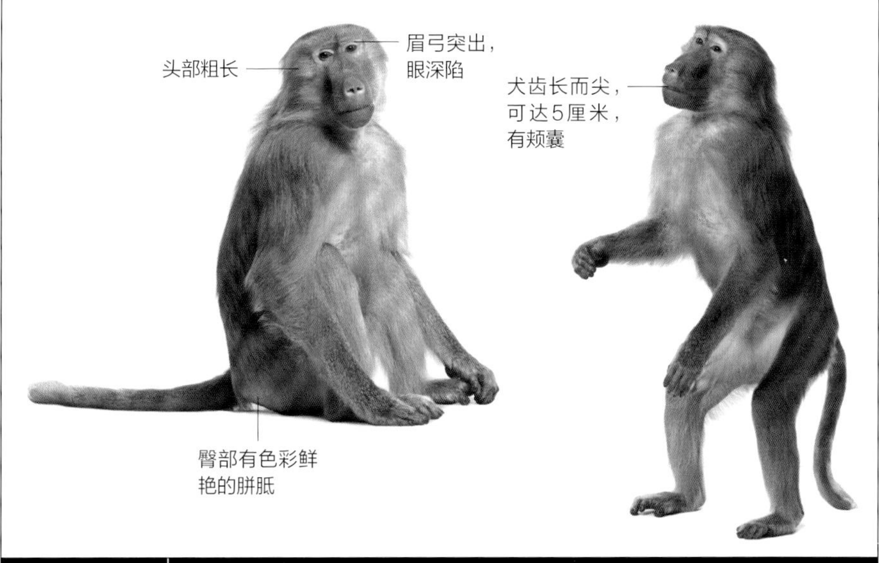
头部粗长
眉弓突出，眼深陷
犬齿长而尖，可达5厘米，有颊囊
臀部有色彩鲜艳的胼胝

社群单元：群居 | **采食：主要以果实、嫩枝、花蕾、昆虫、蝎子、蔓生植物等为食**

别名：白犀牛、方吻犀、宽吻犀　　科属：奇蹄目犀科，白犀属
孕期：约 547 天

白犀

白犀是现存犀科中仅次于印度犀的第二大犀牛。它高大威猛，却性情温和。它是群居动物，通常每群由 3 ~ 5 只或 10 ~ 20 只的雌犀与幼犀组成，而成年的雄犀则多半独居。它具有很强的领地意识，会用撒尿和散布粪便的方式来标识自己的领域，一般雄犀的领域比雌犀的要小，但它允许领域中占次要地位的雄性以及雌性在它的领域中活动。虽然白犀比黑犀要温和，攻击性也比较弱，但它们仍然会为了争夺领地而互相攻击。

- 大小：体长 340 ~ 420 厘米，尾长 55 ~ 65 厘米，肩高 165 ~ 205 厘米，体重 1300 ~ 3600 千克。
- 栖息环境：热带或亚热带稀树草原和灌丛。
- 分布：非洲的乍得、苏丹、扎伊尔、乌干达、安哥拉和罗得西亚等地。

躯体浑圆粗壮，皮肤光滑，厚3~4厘米
角长在鼻子上，两只角一大一小、一前一后

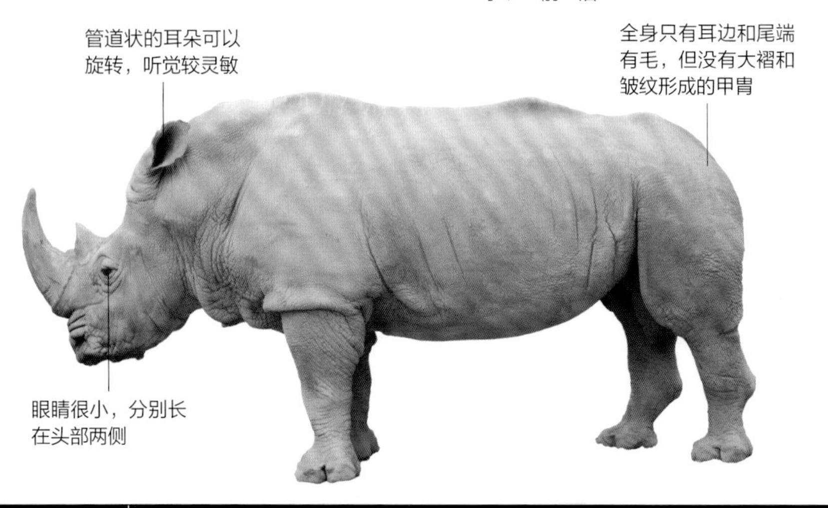
管道状的耳朵可以旋转，听觉较灵敏
全身只有耳边和尾端有毛，但没有大褶和皱纹形成的甲胄
眼睛很小，分别长在头部两侧

社群单元：群居 | 采食：以矮草为食

别名：无　　科属：披毛目食蚁兽科，小食蚁兽属
孕期：约 6 个月

小食蚁兽

小食蚁兽性情温和、反应迟钝、动作缓慢。它们通常会为了保护自己的爪子而用指关节行走，并采用双肢交替前进的方式沿树干行动。它们往往靠嗅觉嗅出蚁穴，然后用有力的前肢撕开蚁穴，再用长舌吞下白蚁，靠胃部的厚幽门研磨。它们为了能持续地享用美味，在捕猎时非常注意保护蚁穴，使其不被完全破坏。

大小：身长约 60 厘米，尾长约 45 厘米，体重 3 ~ 5 千克。

栖息环境：潮湿的草地、森林。

分布：中美洲和南美洲，从墨西哥最南端到巴西、巴拉圭的广大地区。

耳小而圆
前肢有力，第三趾特别发达，并有呈镰刀状的钩爪
吻部尖长，嘴管形，舌可伸缩，并富有黏液，适于舔食昆虫
头骨细长而脆弱，呈圆筒状，齿骨细长，无齿
后肢4 ~ 5趾有爪

社群单元：独居 | **采食：以蚂蚁、白蚁及其他昆虫为食**

别名：无　**科属**：披毛目食蚁兽科，大食蚁兽属
孕期：约 190 天

大食蚁兽

大食蚁兽长相古怪，是美洲特有的动物之一。它性情温和，行动谨慎而迟缓，从不危害人畜。它通常白天活动，晚上休息，喜游泳，但不善爬树。它行为奇特，走路时，不停地摇动尾巴，并且鼻吻部几乎与地面接触，似乎是在寻觅食物。它以白蚁为食，通常先嗅出蚁穴所在，再用锋利的前爪刨开蚁穴，最后利用长舌头上的黏液粘住白蚁，并送进嘴里，囫囵吞食。

大小：体长 180 ~ 240 厘米，体重 29 ~ 65 千克。

栖息环境：热带草原和疏林中，尤其喜欢在水边低洼处和森林沼泽地带营筑家园。

分布：美洲的部分地区，从墨西哥南部到南美洲乌拉圭和阿根廷的西北部。

眼、耳极小
后肢短，五爪大小相仿

脊部隆起，弯曲呈拱形，背面两侧有宽阔的黑色纵纹，纹的边缘是白色
额部扁平，脑容量非常小

社群单元：独居 | **采食**：主要以蚂蚁和白蚁为食，有时也吃少数昆虫及幼虫等

整个头部又细又长，
头骨长达38厘米
体毛长而坚硬，主要
为黑灰色兼有棕褐
色，长达40厘米
尾巴特别发达，上面
的毛长而蓬松
嘴里没有牙齿，吻部
是一根只有铅笔粗细
的大圆锥管状，可以
将长舌收藏其中
前肢粗壮而有力，
除第五趾外，均有
钩爪，特别是中趾
的爪十分强大

别名：豹子、金钱豹　科属：食肉目猫科，豹属
孕期：约 100 天

花豹

花豹是大型猫科动物，拥有发达的肌肉、锋利的爪子以及强大的颚，因此，捕猎的成功率较高。它一般白天在树上或巢穴中休息，并依靠布满花斑的皮毛作伪装，即使几米之内，也很难发现它的存在。傍晚时，它则出来活动、觅食。它拥有比较固定的领域范围，雄豹领域可达 40 平方千米，比雌豹的要大许多，并且通常会与多只雌豹的领域重叠。但如果领域内食物缺乏，也会游荡数十千米觅食。

- 大小：体长 100 ~ 150 厘米，体重 50 ~ 100 千克。
- 栖息环境：山地森林、丘陵灌丛、荒漠草原等，从海拔 100 米的低地到海拔 3000 米的高山。
- 分布：亚洲、非洲，从喜马拉雅山脉到撒哈拉大沙漠。

皮毛柔软，有显著花纹，为黑色环斑

背部的斑点密而较大，斑点呈圆形或椭圆形的梅花状图案
头小而圆，头部的斑点小而密

社群单元：独居　|　采食：以各种有蹄类动物、猴、兔、鼠类、鸟类、鱼类、浆果等为食

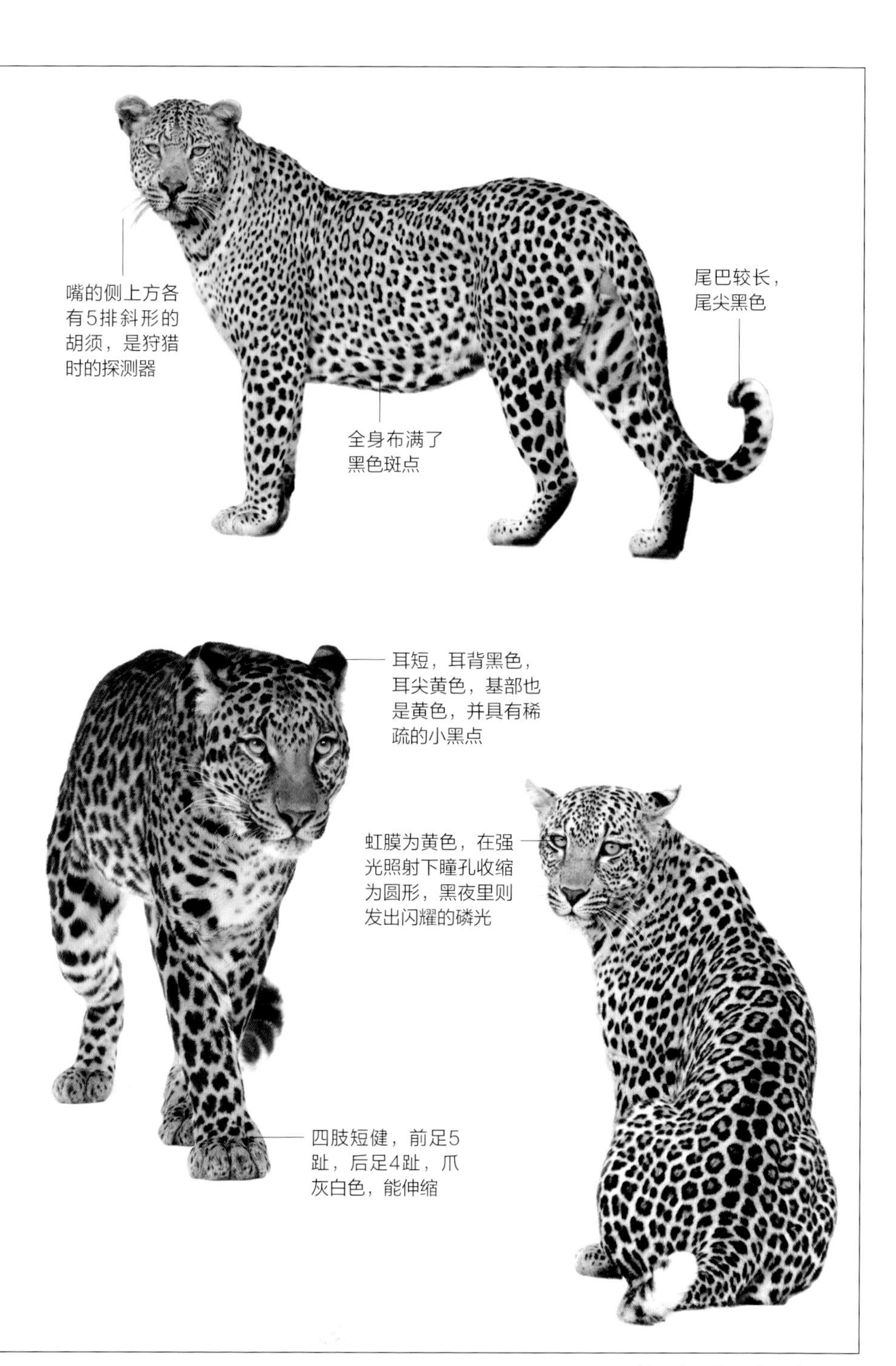
嘴的侧上方各
有5排斜形的
胡须，是狩猎
时的探测器
尾巴较长，
尾尖黑色
全身布满了
黑色斑点
耳短，耳背黑色，
耳尖黄色，基部也
是黄色，并具有稀
疏的小黑点
虹膜为黄色，在强
光照射下瞳孔收缩
为圆形，黑夜里则
发出闪耀的磷光
四肢短健，前足5
趾，后足4趾，爪
灰白色，能伸缩

别名：印度豹　　科属：食肉目猫科，猎豹属
孕期：91 ~ 95 天

猎豹

猎豹是地球上奔跑速度最快的动物，时速高达每小时 110 千米。它的身体呈流线型，且脊椎像弹簧一样柔软，易弯曲。跑的时候，它的前后肢均可用力，而大尾巴则可平衡身体。它的奔跑速度如果超过 115 千米，那么它的呼吸系统和循环系统就无法承受它所积聚的热量，此时很容易出现虚脱症状。

➲ 大小：身长 1 ~ 1.5 米，尾长 0.6 ~ 0.8 米，肩高 0.7 ~ 0.9 米，体重 20 ~ 80 千克。

➲ 栖息环境：温带或热带的草原、沙漠。

➲ 分布：非洲。

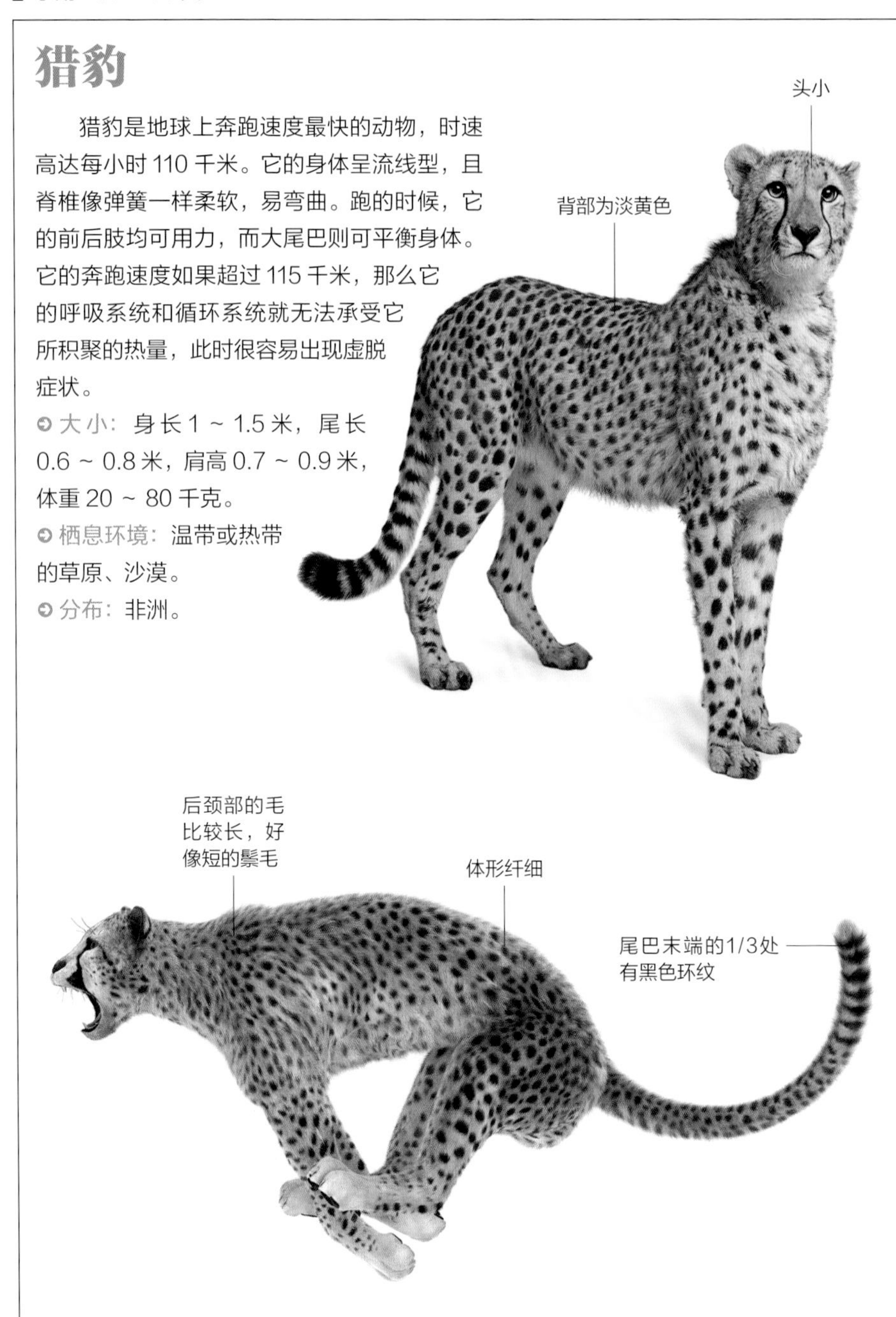
头小
背部为淡黄色
后颈部的毛
比较长，好
像短的鬃毛
体形纤细
尾巴末端的1/3处
有黑色环纹

社群单元：独居 | 采食：以中小型有蹄类动物、斑马、鸵鸟等为食

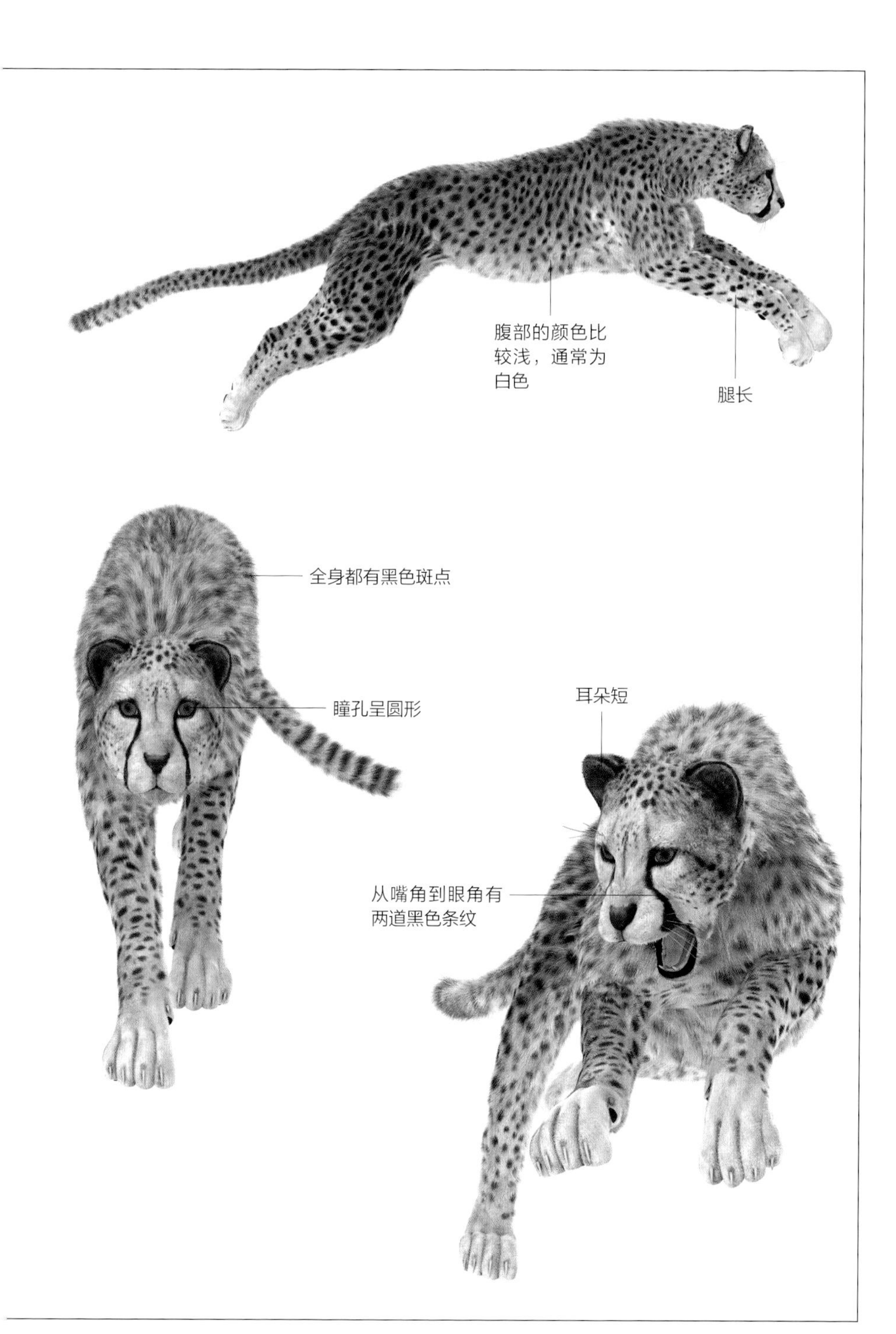
腹部的颜色比
较浅，通常为
白色
腿长
全身都有黑色斑点
瞳孔呈圆形
耳朵短
从嘴角到眼角有
两道黑色条纹

别名：无　科属：食肉目犬科，狐属
孕期：50 ~ 60 天

草原狐

草原狐是一种小型狐狸。在北美洲，它们是体型最小的野生犬科动物。它们的奔跑速度极快，每小时可达 50 千米，有助于捕获猎物和躲避捕食者。此外，它们还可藏身地洞以躲避猎食者。通常白天在洞穴休息，夜晚活动，但也会随季节而变化。冬季，会在温暖的午后出洞晒太阳，而夏季，则只在凉爽的夜晚出现。

◎ 大小：身长（包括尾巴）约 80 厘米，尾巴约 28 厘米，肩高约 30 厘米，雄性体重约 2.45 千克，雌性体重约 2.25 千克。

◎ 栖息环境：北美洲的短草平原和混合草原。

◎ 分布：北美洲，最北分布在加拿大的阿尔伯塔省、萨斯喀彻温省和曼尼托巴省，最南分布于美国的新墨西哥州和德克萨斯州。

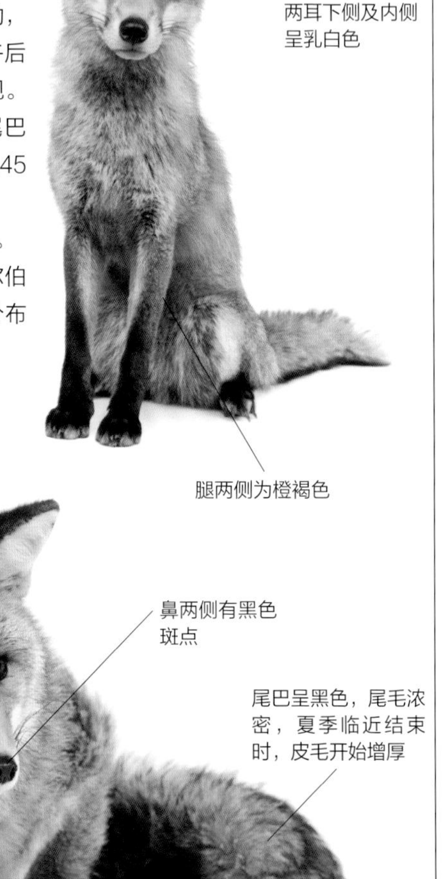
咽喉部、胸部、两耳下侧及内侧呈乳白色
腿两侧为橙褐色
耳朵大而尖
鼻两侧有黑色斑点
尾巴呈黑色，尾毛浓密，夏季临近结束时，皮毛开始增厚
全身毛色较浅，呈淡灰色

社群单元：群居 | 采食：以小型动物、飞禽、爬行动物、两栖动物、昆虫、浆果和野草等为食

别名：无　科属：食肉目犬科，灰狐属
孕期：约 53 天

灰狐

灰狐为美洲的特有动物，属于小型犬，毛茸茸的尾巴是它的显著特征。它们的洞穴一般在高出地面 9 米的空心树上，大多在太阳落山后出洞活动。它们善于爬树，爬树的能力与亚洲的犬科动物相当。它们具有很好的平衡能力和攀爬能力，能够抓住树干和树枝，有助于躲避天敌和捕获猎物。它们的短距离奔跑能力很强，每小时可达 45 千米。

身体上半部分为浅灰色，下半部分为暗黄褐色，下体两侧和胸部红褐色，腹部为白色
四肢短
足部趾垫较大，爪呈弧形

➲ 大小：体长 80 ~ 110 厘米，肩高约 38 厘米，尾长 27.5 ~ 44.3 厘米，雄性体重 3.6 ~ 7 千克，雌性体重 3.4 ~ 5.4 千克。

➲ 栖息环境：森林、沼泽地带，喜欢林地和灌丛地区。

➲ 分布：从北美洲南部到中美洲以及南美洲北部，包括伯利兹、加拿大、哥伦比亚、哥斯达黎加、洪都拉斯、墨西哥、巴拿马、美国、委内瑞拉等地。

体毛粗糙
鼻子较短
尾毛丰厚，背面有黑纹，尖端黑色
从眼睛至颈部有黑色条纹

社群单元：独居 | **采食：以鼠类、兔类、鸟类、昆虫、鱼类及水果与植物等为食**

别名：土拨鼠、草地獭　　科属：啮齿目松鼠科，旱獭属
孕期：约 30 天

旱獭

旱獭在松鼠科中体型最大，属于草食性、冬眠性的陆生穴居动物。它善挖掘，洞穴多在岩石坡和灌木丛下，洞道不仅深，而且复杂，从洞中推出的沙石在洞口处则会形成旱獭丘。它食量很大，主要以牧草为食，但耐饥渴，不喜饮水，喜食水分大的饲料。它性格温顺，易驯化，且抵抗力较强，但不耐热，怕曝晒，当气温长期低于 10℃时，它就会开始冬眠，冬眠期达 3 ~ 6 个月，等气候转暖，它就会自然苏醒。

➲ 大小：体长 40 ~ 50 厘米，体重 5 ~ 10 千克。

➲ 栖息环境：平原、山地的各种草原和高山草甸以及半荒漠地区。

➲ 分布：欧亚大陆北部、北美洲。

两眼为圆形，眶间部宽而低平，眶上突发达，骨脊高起

利爪坚硬，前足4趾，后足5趾，可直立行走

耳朵短而小，耳壳黑色
上唇为豁唇，上下各有一对门齿露于唇外
体短身粗，身体各部肌腱发达有力
尾巴短而扁

社群单元：群居 | 采食：主要以莎草科、禾本科植物的叶、茎以及豆科植物的花为食

别名：非洲食蚁兽、蚁熊或土猪　　科属：管齿目土豚科，土豚属
孕期：7 ~ 9 个月

土豚

土豚是一种身强力壮的动物，体形类似大袋鼠，颇肥壮。它的吻部是由中央髓腔发出的管状物组成，因此，在咀嚼面上，呈多角形的管状集合体。牙齿终生生长，且内部全为齿质，但成体则仅有 2 对前臼齿和 3 对臼齿，均无门齿和犬齿。齿列由 1 对下部牙骨板和两对上部牙骨板组成。骨板的咬碎层由牙质的定域部组成，而牙质又由牙骨板表面的牙质柱组成。牙质的主要作用是对付厚壳的海生无脊椎动物。

- 大小：体长 90 ~ 140 厘米，体重 50 ~ 60 千克。
- 栖息环境：丘陵和草原地区。
- 分布：撒哈拉沙漠以南的东非至南非。

四肢粗壮，趾端有强大而锐利的爪

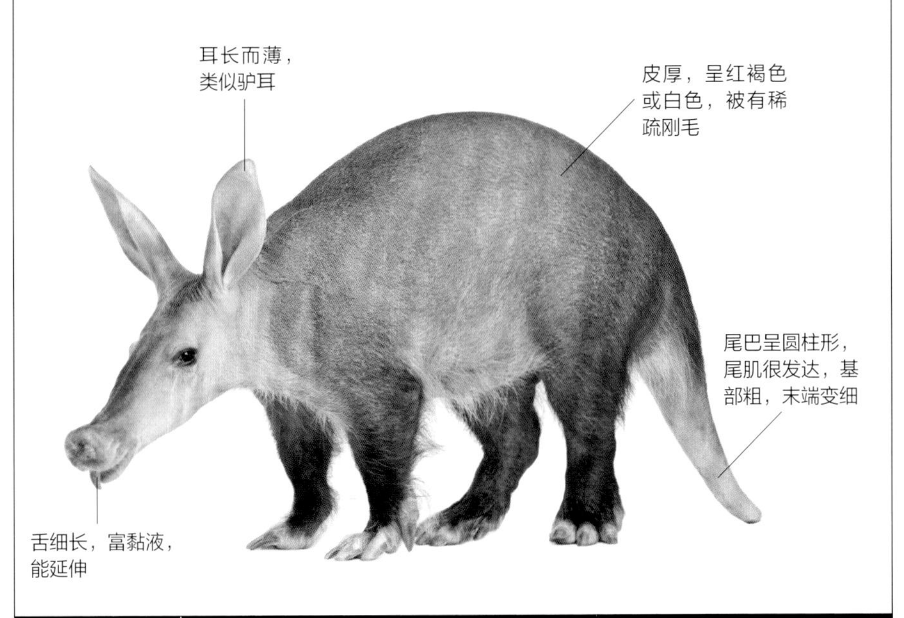
耳长而薄，类似驴耳
皮厚，呈红褐色或白色，被有稀疏刚毛
尾巴呈圆柱形，尾肌很发达，基部粗，末端变细
舌细长，富黏液，能延伸

社群单元：独居 | 采食：以各种昆虫、小型啮齿类以及鸟卵为食，但最主要的食物是白蚁

别名：无　　**科属：**双门齿目袋鼠科，大袋鼠属
孕期：30 ~ 40 天

袋鼠

袋鼠是善跳跃的哺乳动物，它的跳跃方式也是它的显著特征之一。它以跳代跑，用下肢跳动前进，最高可跳 4 米，最远可跳 13 米，时速每小时达 50 千米以上。这些都取决于它有一条粗壮且长满肌肉的尾巴，不仅能与双下肢共同平衡身体，而且还能像腿一样支撑身体。除此之外，袋鼠尾巴还具有进攻与防卫的作用。

- 大小：身高约 2.6 米，体重约 80 千克。
- 栖息环境：凉性气候的雨林和沙漠平原以及热带地区的草原。
- 分布：澳大利亚和巴布亚新几内亚部分地区。

头小，颜面部较长
前肢短小
所有雌性袋鼠都长有前开的育儿袋，育儿袋里有4个乳头

社群单元：群居或独居　|　**采食：**以多种植物为食，有的还吃真菌类

后肢强健而有力，
常常前肢举起，后
肢坐地，采取以跳
代跑的方式行动
眼大
鼻孔两侧有黑
色须痕
耳长
大尾巴可保持
平衡

别名：巴西貘、低地貘　科属：奇蹄目貘科，貘属
孕期：11.5 ~ 13 个月

南美貘

南美貘是南美洲最大的陆生哺乳动物。它善跑，能在崎岖的山路行走。它的主要天敌是鳄鱼及美洲豹、美洲狮等大型猫科动物。它性情机敏，拥有敏锐的听觉，善游泳，喜欢傍晚在湖边、河边嬉水，受惊时会立即进入水中。

◎ 大小：体长 1.7 ~ 2.1 米，尾长 5 ~ 10 厘米，肩高 0.7 ~ 1.1 米，体重 180 ~ 250 千克。

◎ 栖息环境：南美洲亚马孙雨林及亚马孙盆地近水的地方。

◎ 分布：北临委内瑞拉、哥伦比亚及圭亚那，南至巴西、阿根廷及巴拉圭，西至玻利维亚、秘鲁及厄瓜多尔。

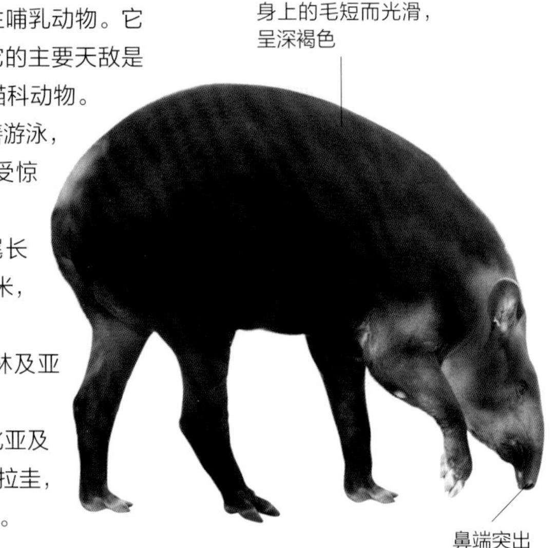
身上的毛短而光滑，呈深褐色
鼻端突出

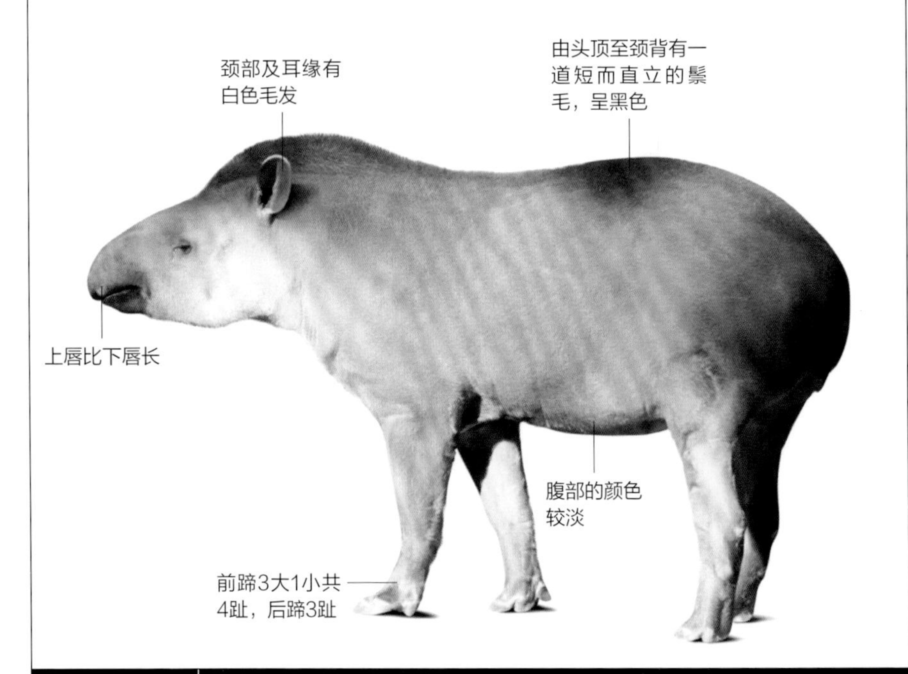
颈部及耳缘有白色毛发
由头顶至颈背有一道短而直立的鬃毛，呈黑色
上唇比下唇长
腹部的颜色较淡
前蹄3大1小共4趾，后蹄3趾

社群单元：独居 | **采食：以根、叶、芽、嫩枝及细小的树枝为食，也盗食农田的瓜果**

别名：无　　科属：偶蹄目鹿科，狍属

孕期：7.5 ~ 8 个月

狍子

狍子是草食性动物，性情和顺，是我国东北地区最常见的野生动物。它具有极强的好奇心，任何东西都能吸引它的注意，甚至追击者的喊叫声，都能使它停下来观望，因此，东北人叫它“傻狍子”。它的胆子很小，白天多栖息于密林，只有早晚时分才会出来活动、觅食。

◎大小：体长100 ~ 120 厘米，尾长2 ~ 3 厘米，体重 25 ~ 45 千克。

◎栖息环境：多在海拔不超 2400 米的河谷和缓坡上活动。

◎分布：亚洲北部和欧洲大部。

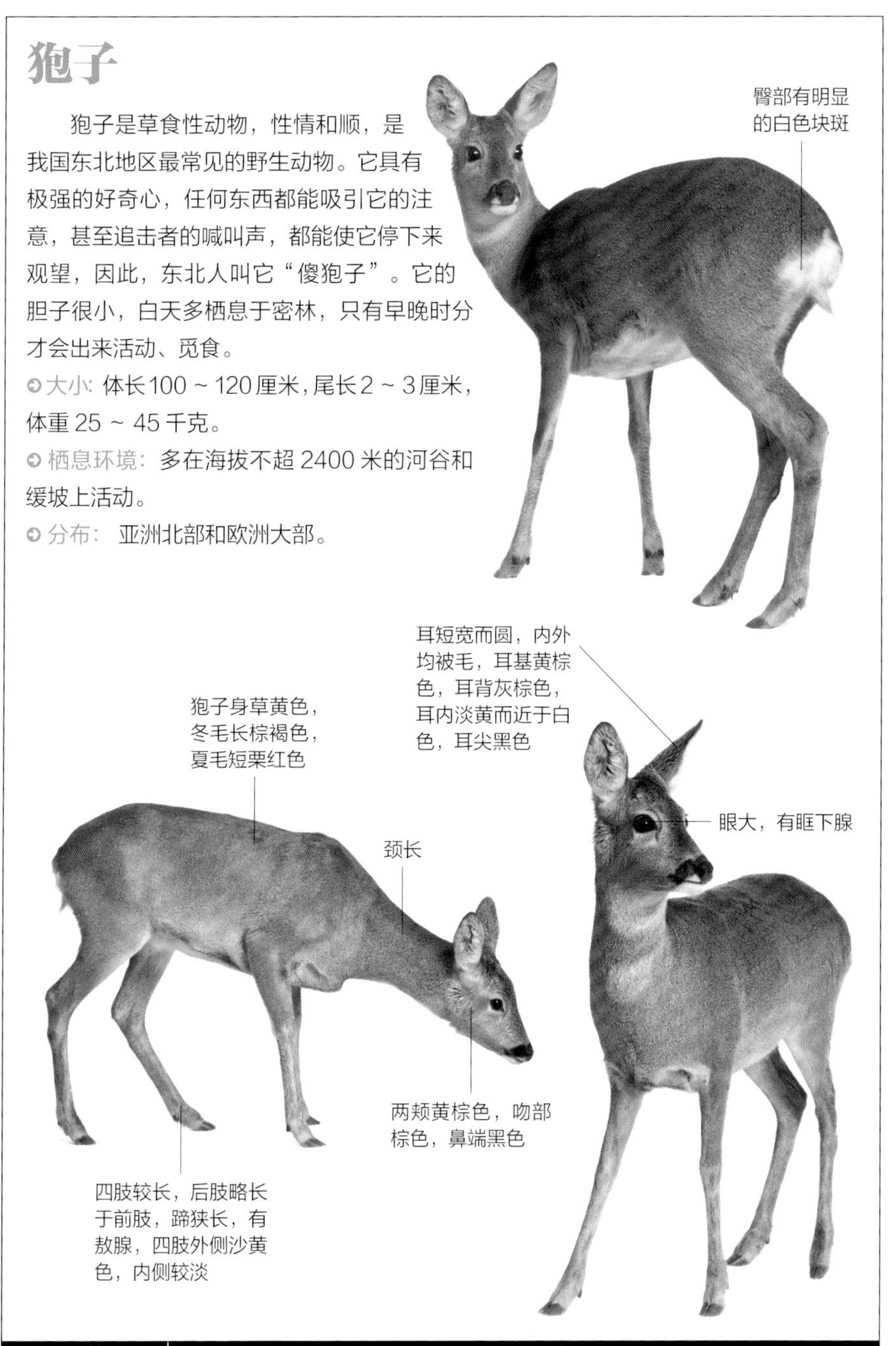
臀部有明显的白色块斑
耳短宽而圆，内外均被毛，耳基黄棕色，耳背灰棕色，耳内淡黄而近于白色，耳尖黑色
狍子身草黄色，冬毛长棕褐色，夏毛短栗红色
眼大，有眶下腺
颈长
两颊黄棕色，吻部棕色，鼻端黑色
四肢较长，后肢略长于前肢，蹄狭长，有蹠腺，四肢外侧沙黄色，内侧较淡

社群单元：群居　|　**采食：采食各种草、树叶、嫩枝、果实、谷物等**

别名：无　　**科属**：兔形目兔科，兔属
孕期：约 40 天

野兔

耳朵比家兔小得多
成年野兔的毛色较暗，以灰色、蓝灰色为主
四肢细长、健壮

野兔生性机敏，奔跑速度快，善于隐藏，不动时，毛发可与周围的杂草融为一体，就算在 1 米以内也很难察觉，野兔好像也清楚地知道自己拥有这种隐藏功能，因此，总是出其不意地从人的脚下蹿出。它食性复杂，虽以植物为主，但更多得是随栖息地环境而定。

大小：体长 35 ~ 43 厘米，尾长 7 ~ 9 厘米，成年野兔体重 2.5 ~ 3 千克

栖息环境：喜欢生活在有水源的混交林内或草原地区的砂土荒漠区，尤喜栖于多刺的杨槐幼林中。

分布：欧洲南部和中部、北美洲、非洲北部、亚洲。

社群单元：群居｜**采食：以野草、树叶等植物为食**

别名：无　　**科属**：啮齿目跳兔科，跳兔属　　**孕期**：78 ~ 82 天

跳兔

毛发浓密，又薄又软，下层绒毛不是很长

跳兔的后肢粗壮有力，跳跃高度可达 2 米，故而得名。它虽名为“跳兔”，但却与兔子并不相像，看起来则像松鼠。它在正常情况下用四肢爬行，只有再危险临近时，才会利用跳跃的方式，逃避豹、狮等食肉动物的袭击。

大小：体长 35 ~ 45 厘米，蹲坐高度 28 ~ 32 厘米，尾长 37 ~ 48 厘米，耳长 7 ~ 9 厘米，体重 3 ~ 4 千克。

栖息环境：东非和南非干燥的稀树草原和荒漠、半荒漠地带。

分布：安哥拉、刚果、莫桑比克、纳米比亚、南非、赞比亚、津巴布韦等地。

社群单元：群居｜**采食：主要以植物和根茎为食，喜食大麦、小麦以及燕麦，偶尔也食昆虫**

别名：亚洲貘、印度貘　**科属**：奇蹄目貘科，貘属
孕期：13 ~ 13.5 个月

马来貘

马来貘是体型最大的貘类动物。它的长相憨厚奇特，身体似猪般肥壮，此外，耳似马，鼻似象，后肢则与犀牛相像。它生性喜水，常常待在水中或泥中，这样既可以躲避敌人，又可以使身体凉爽。它身体矫健、动作敏捷，善跑动，可在崎岖的山路上奔走。

◎ 大小：体长为 150 ~ 230 厘米，肩高 75 ~ 115 厘米，尾长 5 ~ 10 厘米，体重 160 ~ 400 千克。

◎ 栖息环境：生活于海拔 2400 ~ 4500 米的热带丛林、沙林、沼泽地带。

◎ 分布：印度尼西亚、马来西亚、缅甸、泰国。

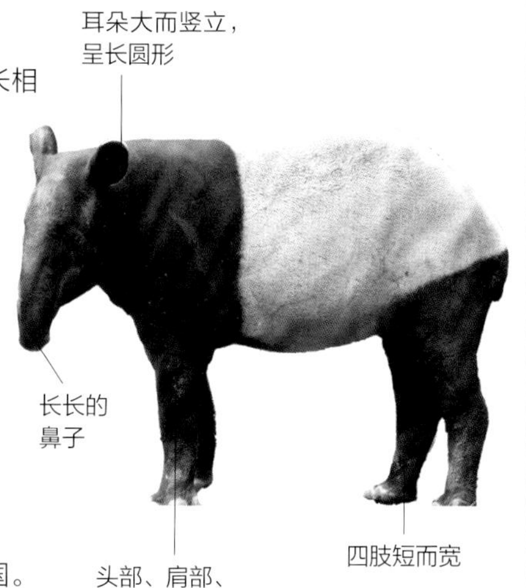
耳朵大而竖立，
呈长圆形
长长的
鼻子
头部、肩部、
前肢和后肢为黑色
四肢短而宽

社群单元：单独或结小群活动　|　采食：以多汁植物的嫩枝、树叶、野果等为食

别名：无　**科属**：食肉目鬣狗科，土狼属　**孕期**：90 ~ 100 天

土狼

土狼体型较小，性情温顺，动作缓慢，喜食昆虫。它们常栖息在土豚废弃的洞穴中，通常白天休息，夜晚活动、觅食。它们由一雌一雄组成一个家庭，共同抚育幼仔，共同保卫家园。它对付敌人的方法也很奇特，先是闭口以隐蔽自己的牙齿，然后再竖起全身的毛发，增大身体，使自己看起来高大强壮，以此来吓退敌人，如若不奏效，还会从肛门处喷出臭液，从而威胁敌人。

◎ 大小：体长 55 ~ 80 厘米，尾长 20 ~ 30 厘米，肩高 40 ~ 50 厘米，体重 9 ~ 14 千克。

◎ 栖息环境：石砾荒漠和半荒漠草原、低矮的灌丛等。

从头后到臀部的背
中线具有长鬣毛
体侧和四肢均
有棕褐色条纹
前脚有5个
脚趾

社群单元：群居　|　采食：除进食柔软的腐肉、鸟卵外，仅以昆虫为食，主要食物是白蚁

别名：南美犰狳　科属：贫齿总目犰狳科，小犰狳属
孕期：40 ~ 120 天

小犰狳

小犰狳是犰狳科小犰狳属的唯一物种。它白天休息，夜晚活动、觅食。它有冬眠的习性，且冬眠的地点很隐秘，其他动物很难找到，当春天来临、天气渐暖，它就会从冬眠中苏醒。它的洞穴较狭窄，或自然形成，或自己挖掘，洞口则一般会隐藏在较隐蔽的地方，洞里则铺上柔软的树叶和干草，以便于休息。

- 大小：体长 26 ~ 33.5 厘米，尾长 10 ~ 14 厘米
- 栖息环境：半沙漠地带和干燥草原。
- 分布：南美洲的阿根廷。

头甲为深褐色
皮肤上覆盖着粗黄色的鬃毛
爪子强大而锋利，非常有力

社群单元：独居 | 采食：主食无脊椎动物，偶尔也吃植物和小型蜥蜴

别名：鲮鲤、陵鲤、龙鲤　科属：鳞甲目穿山甲科，穿山甲属　孕期：5 ~ 6 个月

穿山甲

穿山甲的视觉退化，几乎看不见任何东西，但它的嗅觉却极其灵敏。它是夜行性动物，一般白天藏匿在洞中，并用泥土堵住洞口，夜晚则外出觅食。它的外壳是对付敌人的武器，主要由有机骨骼组成，极其坚硬，如果遇到敌人，还会蜷成球状，这样使猛兽更难以下咽。它还可以利用肌肉使鳞片成为锋利的切割工具，试图割破啃咬自己的食肉动物的嘴巴。

- 大小：身长 50 ~ 100 厘米，尾长 10 ~ 30 厘米，体重 1.5 ~ 3 千克。
- 栖息环境：喜欢山麓地带的草丛或较潮湿的丘陵灌丛。
- 分布：东南亚及非洲部分地区。

尾扁平而长，尾侧鳞成折合状
四肢粗短
全身鳞甲如瓦状

社群单元：群居 | 采食：主食白蚁，也食蚂蚁及其幼虫、蜜蜂、胡蜂和其他昆虫幼虫等

别名：土拨鼠、北美土拨鼠　科属：啮齿目松鼠科，旱獭属
孕期：约 30 天

美洲旱獭

美洲旱獭有冬眠的习性，为了储存脂肪过冬，通常在夏天需要大量进食。它善挖掘，所挖的洞穴不仅有总入口和专供逃跑的隧道，还会根据自然地形分成若干个区。它是群居动物，并且具有一定的领地意识，会通过叫声来宣告“领地权”，虽然相邻的群体之间有时会发生边界之争，但如果遇到危险，这些不同群体也会“有难同当”，共同防御敌人。

◎ 大小：体长 42 ~ 51 厘米，尾长 10 ~ 15 厘米，体重 2 ~ 6 千克。

◎ 栖息环境：开阔的田野和林地边缘。

◎ 分布：美国的东部、中部、阿拉斯加以及加拿大。

体毛为浅红褐
或灰褐色
身体粗壮

社群单元：群居 | 采食：主要以低矮的绿色植物为食

别名：蒙古黄鼠、草原黄鼠、大眼贼　科属：啮齿目松鼠科，黄鼠属　孕期：约 28 天

黄鼠

黄鼠身体娇小，喜温暖，忌寒冷，一般在白天活动。它擅长挖洞，挖掘能力很强，洞穴多选择隐蔽的荒草坡及多年生草地处。它的视觉、嗅觉、听觉都非常灵敏，记忆力也很好，警惕性更是非常高。黄鼠对于人类来说有一定的危害性，不仅会危害农作物、破坏牧场，而且还可能会传播鼠疫，因此，不适合让其大面积繁殖。

◎ 大小：体长 12 ~ 25 厘米，体重 0.2 ~ 0.4 千克。

◎ 栖息环境：半荒漠草原、草原以及山地草原。

◎ 分布：山西、内蒙古、陕西、甘肃、青海、河北、河南等省区以及东北地区。

耳壳退化，短小，
呈脊状，为黄灰色
尾短，尾末端
有黑白色环
腿短，但善跑

社群单元：独居 | 采食：以草本植物的绿色部分、农作物的幼苗、草根和某些昆虫的幼虫为食

别名：澳大利亚野犬、澳洲野犬、澳大利亚野狗　**科属**：食肉目犬科，犬属
孕期：约 63 天

澳洲野狗

澳洲野狗体型中等，雄性要比雌性高大。它动作敏捷，奔跑速度较快，耐力更是惊人。它在数千年前被人类带到澳洲，除白人之外，是那里唯一的食肉动物。它是群居动物，由 3 ~ 12 只组成一个群，一般由一对占绝对优势的夫妇领导，拥有严格的等级制度，群体占据 10 ~ 20 平方千米的领地。它正午炎热时休息，晨昏凉爽时则出来活动。

◎ 大小：体长 81 ~ 111 厘米，尾长约 31 厘米，肩高 40 ~ 65 厘米，雄性体重 12 ~ 22 千克，雌性体重 11 ~ 17 千克。

◎ 栖息环境：热带森林、草原、沙漠、高原等。

◎ 分布：澳大利亚和泰国，也有部分群落分散在东南亚的其他地区和新几内亚。

腿脚长，皮毛的颜色较淡

胸部毛颜色较淡
浓密的尾巴更近似狼，尾巴尖的颜色较淡

社群单元：群居 | **采食：以小型哺乳动物、鸟类、袋鼠、绵羊、巨蜥等为食**

别名：亚洲豺、普通金豺　科属：食肉目犬科，犬属
孕期：约 63 天

亚洲胡狼

亚洲胡狼虽然身材较小，但奔跑速度较快，尤其擅于长距离奔跑。它的行为与家犬类似，喜欢追逐猎食。它是群居动物，合作狩猎的成功率是个体狩猎的 3 倍，因此，经常合作狩猎。每个群体都有自己的领土范围，达 2 ~ 3 平方千米，群体成员会共同保卫领土。它是优秀的捕猎者，但通常不会捕捉体型较大的动物，只是有时会捡食狮子的“剩饭”，并且还会储存食物的。它在群体中会相互照顾同伴，这种互助行为有利于群体发展。

◎ 大小：体长 70 ~ 80 厘米，尾长约 25 厘米，肩高约 40 厘米，体重 8 ~ 10 千克。

◎ 栖息环境：干燥空旷的地区，包括稀树草原、半沙漠和沙漠地区。

◎ 分布：亚洲的东部、西部以及南部，包括伊拉克、伊朗、巴基斯坦、印度西部、塔吉克斯坦、吉尔吉斯斯坦、哈萨克斯坦西部和土耳其等。

耳尖且直立，
听觉发达
前足4 ~ 5趾，后足
一般4趾，爪粗而
钝，约2厘米长

鼻端突出，
嗅觉灵敏
四肢修长，有利
于快速奔跑

社群单元：群居 | **采食：以食草动物及啮齿动物等为食**

别名：非洲猎犬、三色豺、非洲野狗　　科属：食肉目犬科，非洲野犬属
孕期：约 70 天

非洲野犬

由于非洲野犬身上的斑纹具有唯一性，因此，可通过斑纹辨别不同的非洲野犬。它们过着群居生活，通常雄性是群体的核心，并由它带领在领地内合作捕猎，可捕食羚羊、斑马等两倍于自己体重的大型猎物。如果发现猎物，它们会紧紧追逐，最高时速可达 45 千米，直至追到猎物为止。它们善于协作，会共同哺育群体中的幼仔，也会照顾生病或受伤的同伴。

大小：身长 85 ~ 141 厘米，尾长 30 ~ 45 厘米，体重 18 ~ 34 千克。

栖息环境：草原、稀树林地以及开阔的干燥灌木丛，甚至包括撒哈拉沙漠南部的一些多山地带，但从不到密林中活动。

分布：非洲东部和南部部分地区。

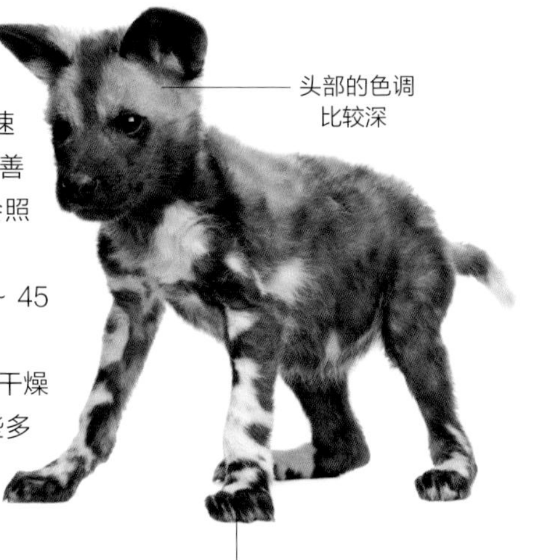
头部的色调比较深
前肢无爪

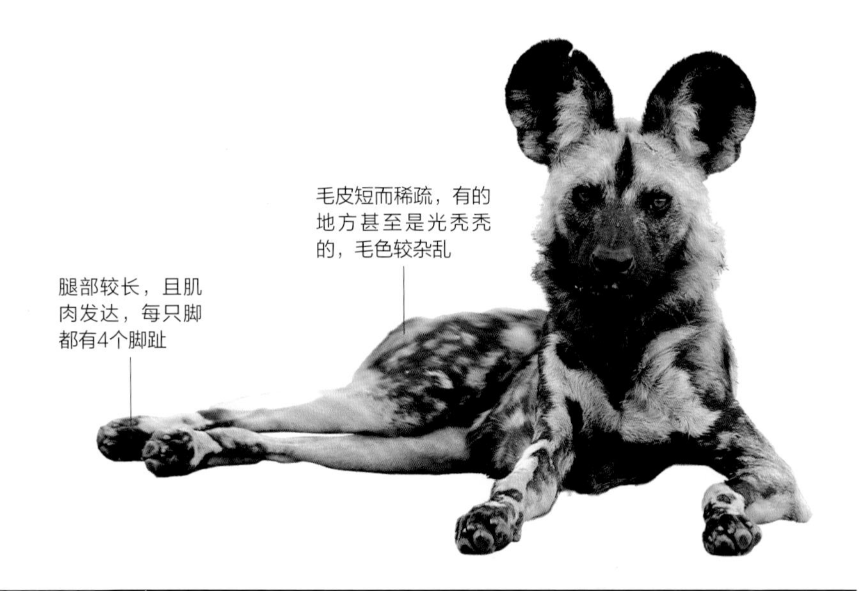
毛皮短而稀疏，有的地方甚至是光秃秃的，毛色较杂乱
腿部较长，且肌肉发达，每只脚都有4个脚趾

社群单元：群居　采食：以中等体形的有蹄动物为食，比如高角羚

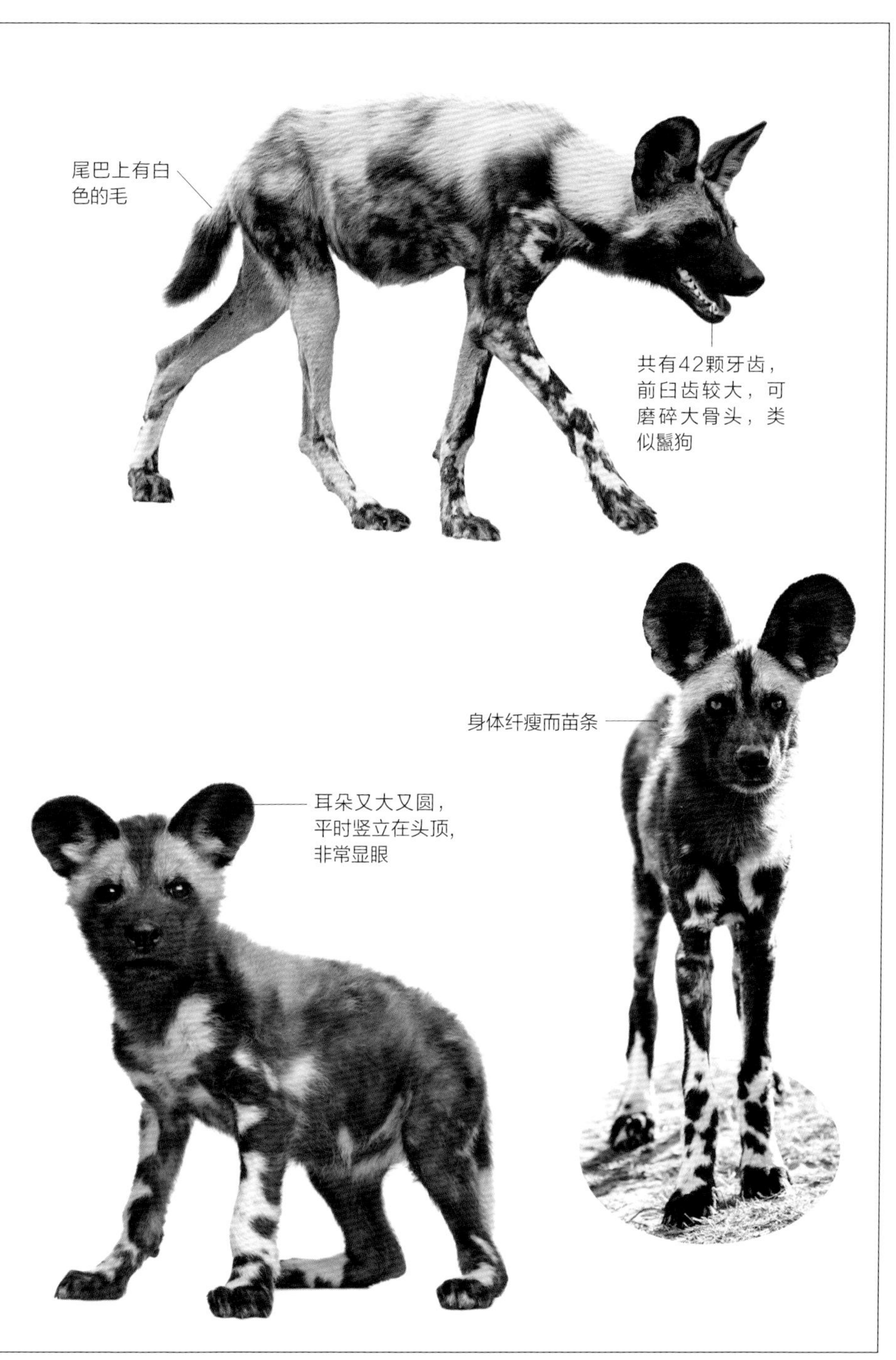
尾巴上有白
色的毛
共有42颗牙齿，
前臼齿较大，可
磨碎大骨头，类
似鬣狗
身体纤瘦而苗条
耳朵又大又圆，
平时竖立在头顶，
非常显眼

别名：无　　科属：食肉目鬣狗科，鬣狗属
孕期：3 ~ 3.5 个月

棕鬣狗

棕鬣狗是最珍贵的一种鬣狗，具有极强的环境适应能力。它们具有组织严密的社会体系，雌性在群体中占据优势地位。它们拥有敏锐的视觉、听觉及嗅觉，其中主要依靠嗅觉来加强个体之间的联系。虽然它们给人以凶狠、丑恶的形象，但其实它们的性格较为胆怯。它们一般白天休息，夜晚活动、觅食，如果被捕猎者追击，还会装死以逃生。

◎ 大小：体长 110 ~ 125 厘米，尾长 25 ~ 35 厘米，体重约 60 千克。

◎ 栖息环境：热带和亚热带的稀树草原和荒漠地带。

◎ 分布：非洲的南非、莫桑比克、津巴布韦、赞比亚、博茨瓦纳、纳米比亚和安哥拉等。

体毛很长，粗糙而蓬松，从颈背部至臀部都有发达的鬣毛，激动时会高高耸起

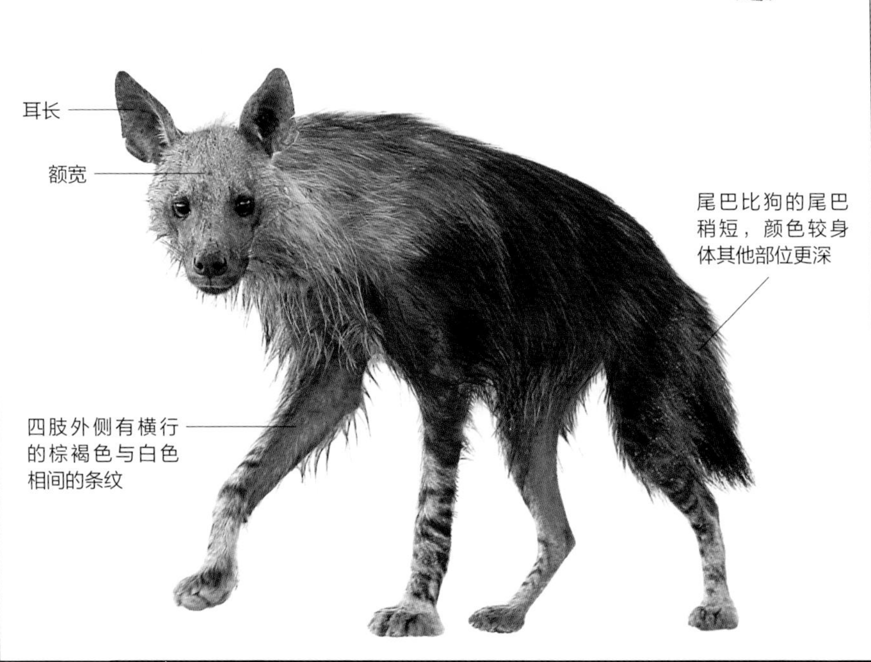
耳长
额宽
尾巴比狗的尾巴稍短，颜色较身体其他部位更深
四肢外侧有横行的棕褐色与白色相间的条纹

社群单元：群居 | 采食：主要以残骸腐肉为食，有时也吃一些小动物、瓜果、蔬菜等

别名：无　　科属：偶蹄目牛科，跳羚属
孕期：约 175 天

跳羚

跳羚为棕色，面部和鼻部呈白色，从眼角至嘴角有一条红棕色的条纹，细小的尾巴在末端处有一簇黑色的毛发。它善跑跳，可达每小时 94 千米，而跳跃高度最高可达 3.5 米，跳跃距离最远可达 10 米。遇到危险时，它通常会以跳跃的方式扰乱敌方视线，以躲避危害。

- 大小：肩高 120 厘米，体重 37 ～ 50 千克。
- 栖息环境：热带稀树草原。
- 分布：非洲南部的安哥拉、纳米比亚、博茨瓦纳和南非。

腰窝有巧克力
棕色的宽条纹
身体上部为明
亮的肉桂棕色
尾巴细，且尾
端有一簇黑毛
眼部到嘴角有
红棕色条纹
身体下部为白色

社群单元：群居 | 采食：以植物的枝叶为食，有时也吃茎

别名：非洲野牛、非洲野水牛　科属：偶蹄目牛科，非洲水牛属
孕期：330 ~ 345 天

非洲水牛

非洲水牛身躯高大，可经常在非洲草原上见到。它虽然是植食性动物，却性情暴躁，极具攻击性，受伤、落单或带着幼仔的母牛尤其具有攻击性。它是群居动物，如果遇到危险，通常会把雌性和幼仔保护在中间，由一头成年雄性带领数十头雄性，组成大方阵冲向敌人，时速高达60 千米。在这样的力量和速度下，任何物体都会被踏成平地，因此，就算是狮子，也不会轻易招惹它。

- 大小：身长约 3 米，身高 1.5 ~ 1.8 米，体重 400 ~ 1000 千克。
- 栖息环境：沼泽、平原以及草场和森林。
- 分布：撒哈拉以南的非洲大部分地区。

身体覆盖稀
疏的黑毛
四肢粗壮

雄性的角会像盾牌
一样覆盖在头顶
耳朵大而下垂

社群单元：群居 | **采食：以草、叶子和水生植物等植物为食**

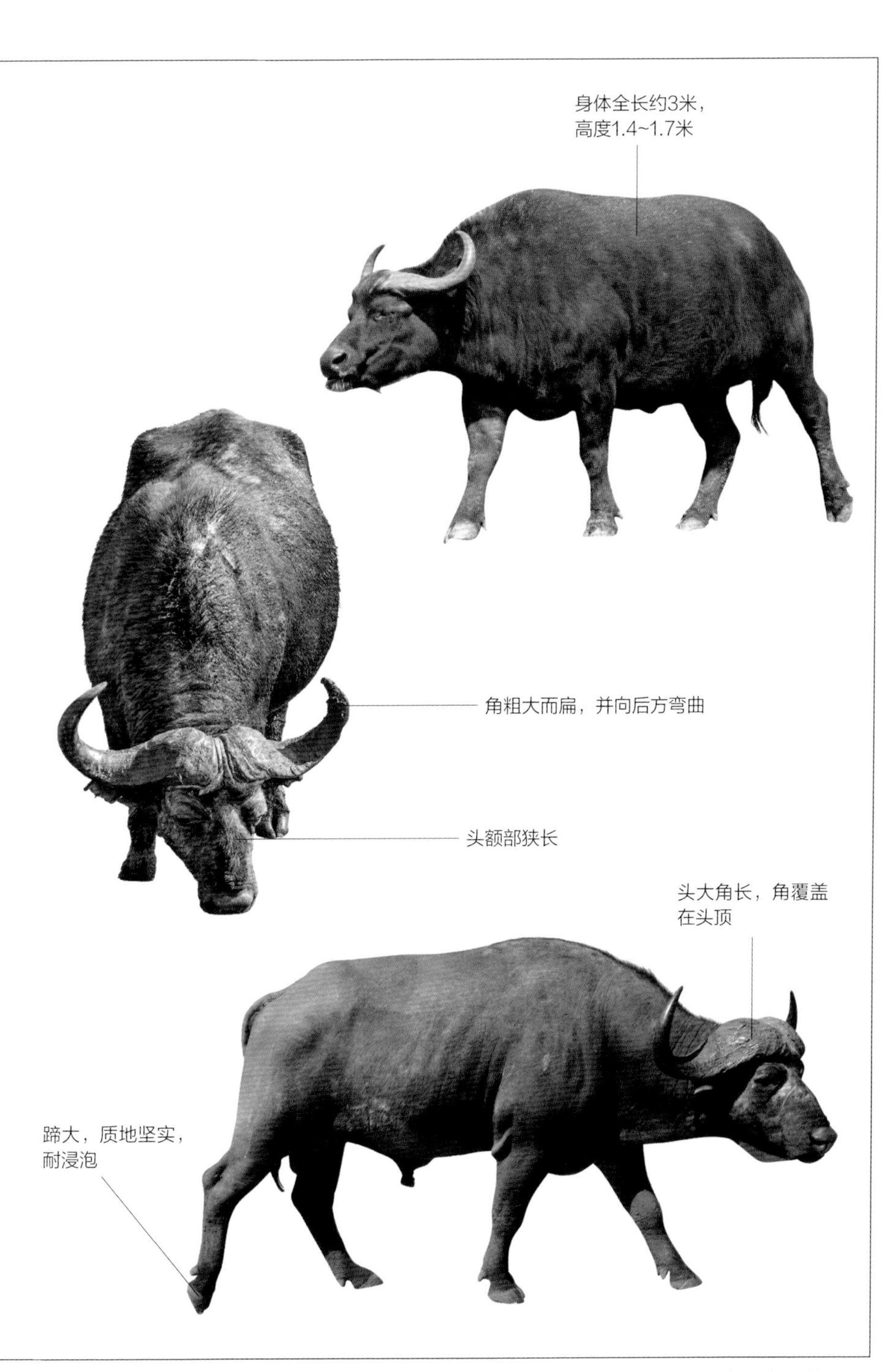
身体全长约3米，
高度1.4~1.7米
角粗大而扁，并向后方弯曲
头额部狭长
头大角长，角覆盖
在头顶
蹄大，质地坚实，
耐浸泡

第二章 荒漠哺乳动物

为了适应荒漠干旱的气候条件，
荒漠哺乳动物具有如下显著的特点：
第一，它们从所食的植物和动物中获取水分。
第二，为了能更快地获取食物，
它们的嗅觉往往极其敏锐。
第三，它们的抗热能力极强，
体温比正常水平高 5℃，
这样就避免了因出汗而散失水分。

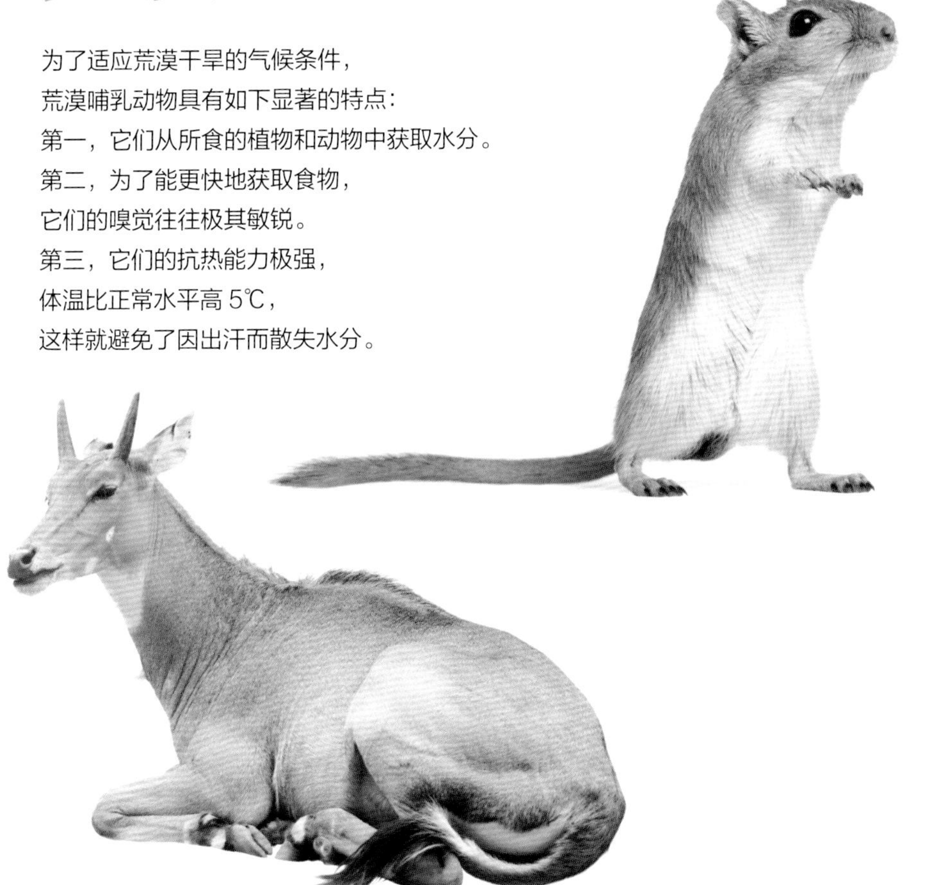

别名：蒙古野驴、赛驴　　科属：奇蹄目马科，马属
孕期：约 11 个月

野驴

野驴是大型哺乳动物，外形与骡相似。它不仅是中国的国家一级保护动物，而且也被列入《濒危野生动植物种国际贸易公约》附录Ⅰ。它身体强壮且耐力极好，既能耐冷热，又能耐饥渴。它善奔跑，狼都追不上它的步伐。尽管它的奔跑速度不及马或斑马，但由于它耐渴，可长期不饮水，这是马和斑马所做不到的。它的叫声短促而嘶哑，且拥有敏锐的视觉、听觉及嗅觉，其中视觉和听觉更发达。

➲ 大小：体长约 260 厘米，肩高约 120 厘米，体重约 250 千克。

➲ 栖息环境：海拔 3800 米左右的高原开阔草甸和荒漠草原或荒漠、半荒漠地带。

➲ 分布：中国的内蒙古、甘肃、新疆，国外见于蒙古。

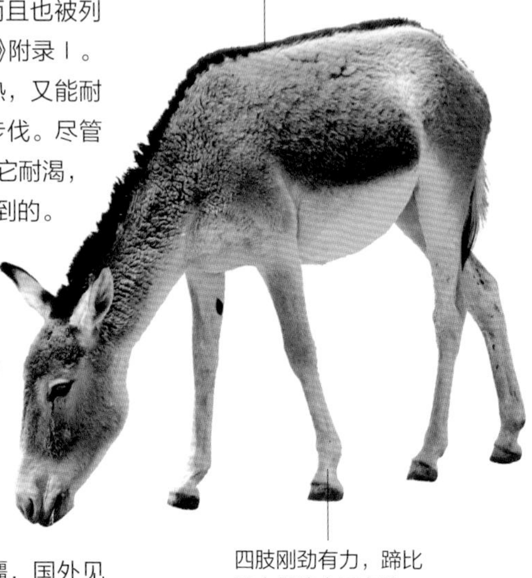
颈背有短鬃
四肢刚劲有力，蹄比马小但略大于家驴

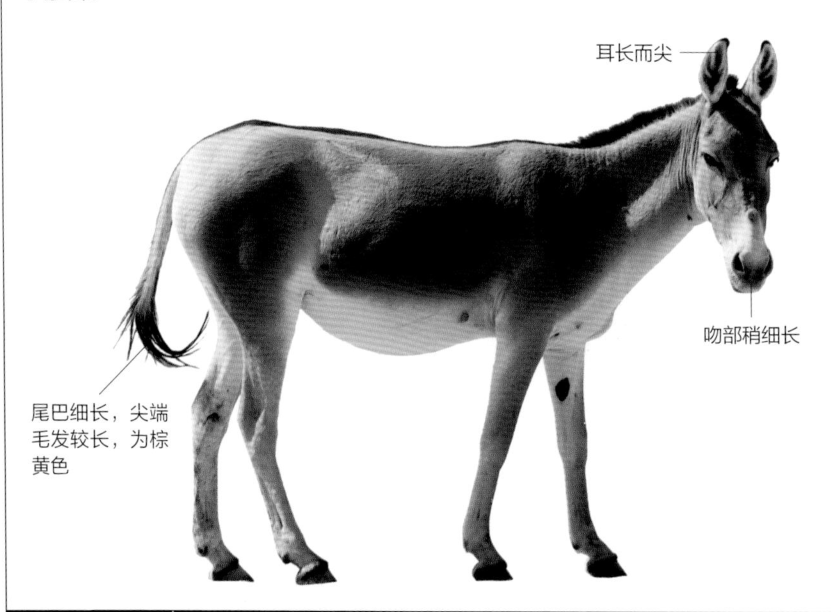
耳长而尖
吻部稍细长
尾巴细长，尖端毛发较长，为棕黄色

社群单元：群居 | 采食：以禾本科、莎草科和百合科植物为食

别名：无　　科属：食肉目獴科
孕期：50 ~ 60 天

獴

獴一般在晨昏时分活动，白天则较少外出。为了能在外出遇到危险时，及时得到救助，它们经常雌雄相伴出行。它们的嗅觉异常灵敏，经常用鼻吻部贴近地面，以探寻食物。它们通常在挖掘食物时，前爪和鼻吻部协同合作，可迅速挖掘出地下的昆虫及幼虫。因此，在它们经常活动的地方，有许多挖掘昆虫后留下的小洞。它们有时在外出活动时，会留下类似小灵猫的足印，但不同的是它们的趾印较长，爪印也比较明显，观察者一般可从它们的足迹推知它们大致的活动情况。

体躯稍粗壮，略似扁圆形，全身浅灰棕色混杂
耳短小

大小：体长 40 ~ 80 厘米，尾长 27 ~ 33 厘米，体重 2 ~ 3 千克。

栖息环境：山林沟谷及溪水旁，多利用树洞、岩隙作窝。

分布：热带和温带地区，其中亚洲和非洲种类较多。

颈短而粗
体毛和尾毛均粗长而蓬松
鼻吻尖长
四肢短矮，呈棕黄色，各有5趾，第1趾爪较短小，第3、4趾和爪甚长而尖锐

社群单元：群居 | 采食：以食蛇为主，也猎食蛙、鱼、鸟、鼠、蟹、蜥蜴及其他小型哺乳动物

别名：东沙狐　科属：食肉目犬科，狐属
孕期：50 ~ 60 天

沙狐

沙狐拥有极其敏锐的听觉、视觉及嗅觉，昼伏夜出。它善攀爬，但是攀爬的速度较慢。它经常四处流浪，没有固定的居住区域，在觅食困难的冬季，会结成小型觅食群体向南迁徙。它不善挖掘，挖的洞通常简而不深，因此，它经常住在旱獭等其他动物遗弃的洞穴中。

◎ 大小：体长 50 ~ 60 厘米，尾长 25 ~ 35 厘米，体重 2 ~ 3 千克。

◎ 栖息环境：干草原、荒漠和半荒漠地带，远离农田、森林和灌木丛。

◎ 分布：西起伏尔加河流域，向东覆盖中亚大部分地区，包括阿富汗、中国、印度、伊朗、哈萨克斯坦、吉尔吉斯斯坦、蒙古、俄罗斯、土库曼斯坦、乌兹别克斯坦。

下颌白色
四肢相对较短
耳朵大而尖，耳壳背面为灰棕色
全身毛色呈浅沙褐色或浅棕灰色，带有明显的花白色调
尾基部半段毛色与背部相似，末端半段呈灰黑色

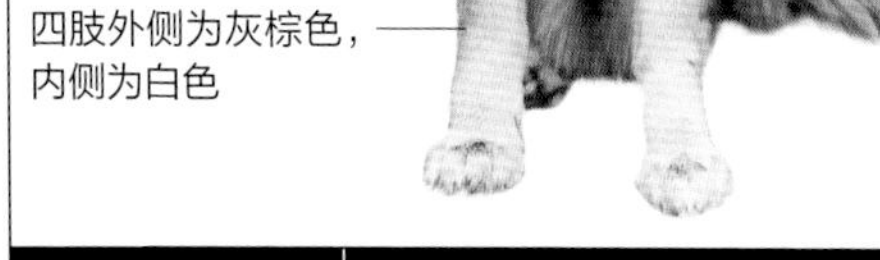
四肢外侧为灰棕色，内侧为白色

社群单元：群居 | 采食：以啮齿类动物为主要食物，鸟类和昆虫次之

别名：无　　科属：食肉目犬科，犬属
孕期：约 60 天

胡狼

胡狼通常一雌一雄结成伴侣，彼此相伴终生。它具有一定的领地意识，会用尿液圈划出自己的领地，一般一生都不会改变，在这个领土中，足以养大幼狼。胡狼幼仔会在水草肥美、羔羊遍野时出生，充足的食物能够满足幼仔的成长需要。在抚养幼仔时，雌狼和雄狼责任均等、任务相似，如果雌狼外出捕猎，雄狼就要在家中照看幼仔。

大小：身长 70 ~ 105 厘米，尾长约 25 厘米，肩高 38 ~ 50 厘米，体重 7 ~ 15 千克。

栖息环境：从极地到热带均可生存，由低海拔的沿海地区到高山区都有活动踪迹，但山地、丘陵为主要的栖息地。

分布：非洲北部、东部，欧洲南部，亚洲西部、中部和南部。

脚长，脚掌较大，适合长距离奔跑

毛很短且粗糙，一般都是黄色至淡金色，毛色会随季节及区域的不同而不同
嘴长而窄，长着42颗牙

社群单元：群居　采食：以小型哺乳动物、鸟类及爬行动物为食，有时也食腐肉

别名： 狐獴　　**科属：** 食肉目獴科，狐獴属
孕期： 约 77 天

猫鼬

猫鼬是一种小型哺乳动物，外表呆萌可爱。它们通常不会主动攻击任何动物，如果遇到危险，会采取逃跑的方式来躲避。它们的形态很特别，通常保持弓起后背、踮起四肢以及竖立毛和尾巴的姿态，以观察周围环境。它们的另一个显著特征是眼睛周围被黑色包围，具有太阳眼镜般的功能，使它们在阳光下能清晰地看见远方的事物，甚至可以直视太阳。

- 大小：身长 25 ~ 35 厘米，尾长 17 ~ 25 厘米，雄性体重约 731 克，雌性体重约 720 克。
- 栖息环境：炎热、干旱的环境。
- 分布：非洲南部。

毛皮的颜色通常是浅黄棕色掺杂着灰、古铜或微带银的棕色

爪子2厘米长，不能缩回，可弯曲、挖洞、猎食

眼睛周围的黑色圈纹，像戴着一副太阳眼镜
耳朵为新月形，可闭合，挖洞时闭起来以避免泥沙进入耳内
腹部为深色皮肤，毛发稀少，光吸收能力强
尾巴又细又长，尾端为黑色，可用作三脚架来保持直立的姿势

社群单元： 群居 | **采食：** 以蝎子、蜘蛛、蜈蚣、小型哺乳动物、小型爬行动物、鸟类等为食

别名：野驼、野生双峰驼、野骆驼　　科属：偶蹄目骆驼科，骆驼属
孕期：12 ~ 14 个月

双峰驼

双峰驼是干旱地区的主要野生动物，是沙漠的标志性景观。它拥有灵敏的嗅觉，既耐饥渴，又耐高温，可以 10 多天甚至更长时间不喝水，能在沙漠中长途奔走。如果它的身体极度缺水，可将驼峰内的脂肪分解，产生的水和热量可满足其身体需要。它性情温顺，易驯服，是沙漠中的重要运载工具，可运载 170 ~ 270 千克的东西每天走约 47 千米，最高速度可达每小时 16 千米，被誉为“沙漠之舟”。

- 大小：体长约 3 米，肩高约 1.8 米，体重 800 ~ 1000 千克。
- 栖息环境：草原、荒漠、戈壁地带。
- 分布：原产亚洲中部的土耳其、中国和蒙古，在中国分布于甘肃、青海、新疆和内蒙古等。

眼体突出，视角大，眼睑双重，睫毛长而浓密
背有双峰
两瓣足大如盘

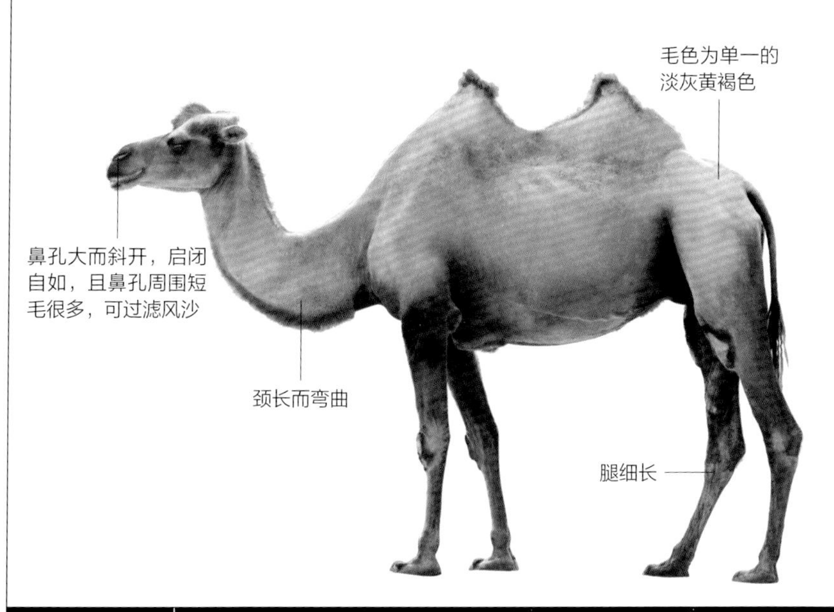
毛色为单一的淡灰黄褐色
鼻孔大而斜开，启闭自如，且鼻孔周围短毛很多，可过滤风沙
颈长而弯曲
腿细长

社群单元：群居 | 采食：以梭梭、胡杨、沙拐枣等各种荒漠植物为食

别名：无　　科属：偶蹄目骆驼科，骆驼属
孕期：370 ~ 440 天

单峰驼

单峰驼体型高大，因只有一个驼峰而得名。它们特别喜欢和自己的同伴在一起，如果有陌生动物接近，则会变得很激动，并会通过跺脚、奔跑来表现它的不高兴，也正因为它们经常有“吐痰”和“踢腿”的动作，而给人坏脾气的印象，事实上，它们很亲切。它们非常适合在沙漠中生存，可以依靠驼峰里储存的脂肪维持 5 ~ 7 天的生命，同时为了减少水分消耗，会提高身体的出汗体温，以减少出汗量。此外，高度浓缩的排泄物也可防止水分地流失。它耐旱、耐饥渴的体质特别适合在沙漠中活动，可运载物品穿过最干燥的地区。

大小：体长 2.25 ~ 3.45 米，尾长 35 ~ 55 厘米，肩高 1.8 ~ 2.3 米，体重 300 ~ 690 千克。

栖息环境：草原、荒漠、戈壁地带。

分布：亚洲西部和南部以及北非。

毛色为深棕色到暗灰色，毛短而柔软
耳朵小
眼睫毛浓密
上唇深裂
脚有弯曲的趾甲，可以保护脚的前部

社群单元：可独居，也可群居 | **采食：**主要吃草，以荆棘、干植物以及耐盐植物为食

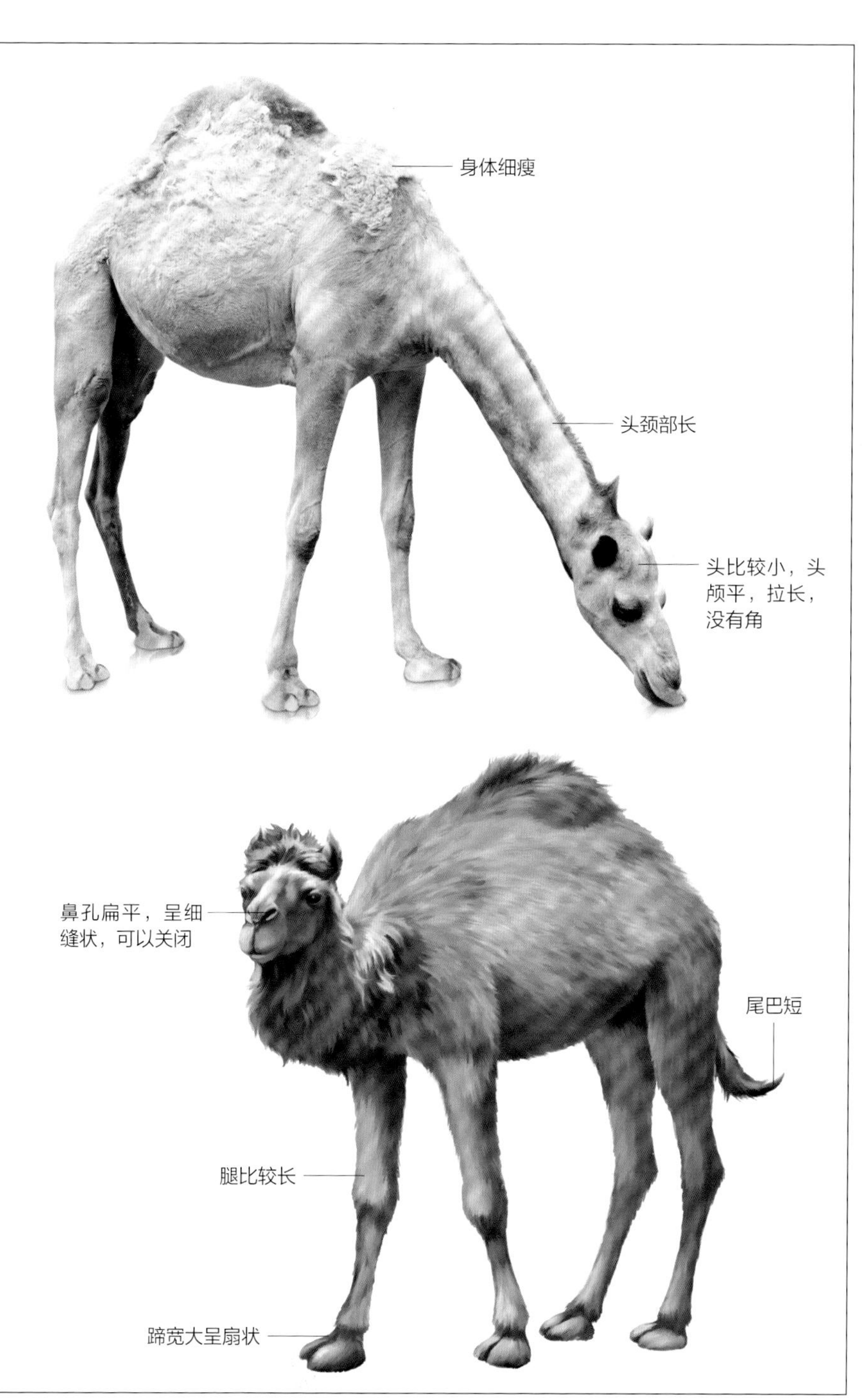
身体细瘦
头颈部长
头比较小，头
颅平，拉长，
没有角
鼻孔扁平，呈细
缝状，可以关闭
尾巴短
腿比较长
蹄宽大呈扇状

别名：天鼠、挂鼠、天蝠、老鼠皮翼、飞鼠、圆屁股、蜜符、盐老鼠　　科属：翼手目
孕期：从 6 ～ 7 周到 5 ～ 6 个月不等

蝙蝠

蝙蝠是唯一一个能在空中飞翔的哺乳动物。它们为了适应空中生活，形成了特有的飞行器官——翼手，这是从指骨末端至肱骨、体侧、后肢及尾巴之间形成的皮膜，并依靠发达的前肢，挥舞着翼手在空中飞翔。它们总是在夜间活动，为了适应黑暗的环境，进化出了回声定位系统，可以通过喉咙发出人类听不见的超声波，然后再依据超声波回应来辨别方向、探测目标，人类正是通过蝙蝠的这一特点发明了雷达。

髋及腿部细长
吻部像啮齿类
或狐狸

◎ 大小：蝙蝠的体形大小差异极大，最大的狐蝠翼展达 1.5 米，体重超过 1000 克，而基蒂氏猪鼻蝙蝠的翼展仅 15 厘米，体重只有十几克，而常见的蝙蝠，体重在 30 ～ 40 克。

◎ 栖息环境：居住在各类山洞、古老建筑物的缝隙、天花板、隔墙及树洞、岩石缝中，还有一些蝙蝠隐藏在棕榈、芭蕉树等树叶的后面。

◎ 分布：除极地和大洋中的一些岛屿外，遍布全世界，尤其以热带和亚热带为多。

外耳向前突出，很大，
且非常灵活
腹侧颜色较浅
除翼膜外，蝙蝠
全身覆盖着毛

社群单元：群居 | 采食：主要以鱼类、青蛙、昆虫、果实、花粉、花蜜为食

别名：蝠耳狐、好望角狐　　科属：食肉目犬科，大耳狐属
孕期：51 ~ 52 天

大耳狐

大耳狐在非洲拥有两个亚群，一种分布在东非，如索马里、肯尼亚等，另一种分布在南非，如南非、纳米比亚等。东非的大耳狐与南非的大耳狐有一些差别。肯尼亚的大耳狐习惯在夜晚活动，群体的领地范围为 0.25 ~ 1.5 平方千米，并以尿液作标记。南非的大耳狐通常在冬季的白天、夏季的傍晚活动，群体的领地范围广泛重叠，很少有领土标志，又由于当地的土壤或植被适宜大耳狐生存，因此，这里种群密集，密度为 10 只 / 平方千米，有时数百米内可有 2 ~ 3 个洞穴。

◐ 大小：体长 46 ~ 66 厘米，体重 3.0 ~ 5.3 千克。

◐ 栖息环境：干旱草原和热带稀树草原，偏好短草区域。

◐ 分布：安哥拉、博茨瓦纳、埃塞俄比亚、肯尼亚、莫桑比克、纳米比亚、索马里、南非、苏丹、坦桑尼亚、赞比亚、津巴布韦。

鼻口呈灰黑色，
两侧末梢灰白色
四肢较短

一对巨大的耳朵，耳
长11.4~13.5厘米
体毛呈淡黄至深蜜色
不等，多为棕褐色，
但具体颜色取决于年
龄和发现区域
小腿、爪、
尾尖呈黑色

社群单元：群居 | 采食：以昆虫和节肢动物为食，有时也吃小型啮齿动物、蜥蜴、禽蛋等

别名：大角斑羚、非洲旋角大羚羊　科属：偶蹄目牛科，大羚羊属
孕期：250 ~ 270 天

大羚羊

大羚羊是体型最大的羚羊，身材高大粗壮，但却并不笨拙，善跳跃，可轻松跃过 1.5 米高的围栏。它们过着群居生活，群体数量从数只至 100 多只不等，首领为年长的雄性，捕猎时，首领会率领若干只大羚羊一起觅食和活动。它们白天炎热时休息，晨昏凉爽时活动觅食。它们会随季节变化进行周期性迁移，可在水源处直接饮水，也可从树叶、根茎等食物中获取水分。

◎ 大小：体长 2.8 ~ 3.4 米，尾长 0.3 ~ 0.6 米，肩高 1.7 ~ 1.8 米，体重约 900 千克。

◎ 栖息环境：开阔的草原或有灌丛和稀疏树林的地区。

◎ 分布：中非和南非。

雌性角较细、较长，最长能达到1米以上
肩背部略有细白纹
体毛棕色或灰黄色

社群单元：群居 | **采食：以树叶、灌木、多汁的果子及草为食**

别名：黄耗子、中午沙鼠、午时沙土鼠　　科属：啮齿目仓鼠科，沙鼠属
孕期：24 ~ 26 天

子午沙鼠

子午沙鼠是我国的特有物种，居住在洞穴中，它的洞穴复杂，洞口多在灌丛和草丛下，洞道则呈弯曲状且分支较多，有的分支甚至在接近地面时形成盲端，以备不时之需。它没有冬眠的习性，通常夜间活动，尤其是在子夜 0 点特别活跃。它对生态环境有一定的危害性，不仅会盗食粮食，损害植物种子，而且如果在黄土高原上密集地筑洞穴，还会加速水土流失。

◎ 大小：体长 10 ~ 15 厘米，雄性体重 70 ~ 80 克，雌性体重 60 ~ 75 克。

◎ 栖息环境：荒漠或半荒漠地区的沙丘和沙地。

◎ 分布：内蒙古、河北、陕西、甘肃、宁夏、山西、青海、新疆等省区。

头骨宽大，顶间骨宽大，背面明显隆起，后缘有凸起
爪基部浅褐色，尖部白色

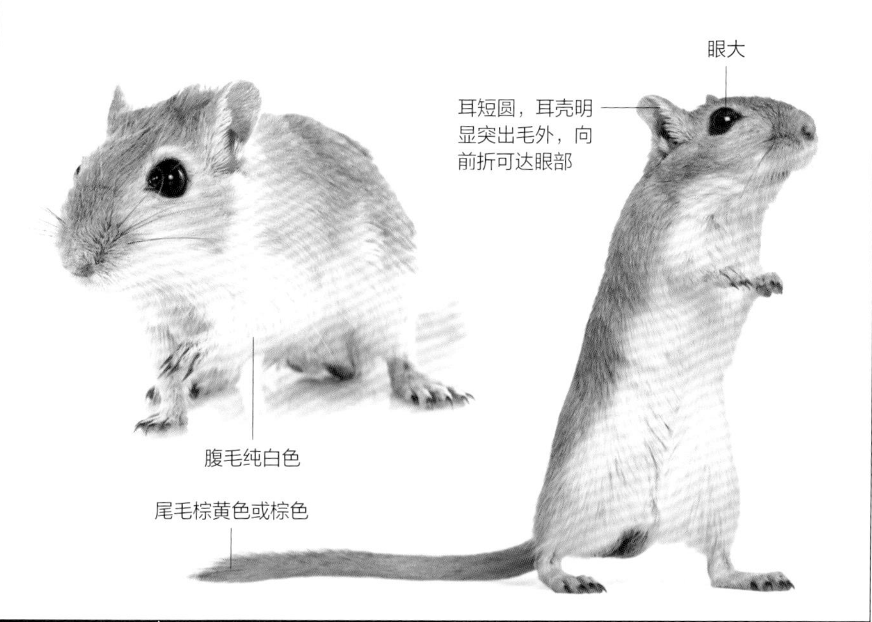
眼大
耳短圆，耳壳明显突出毛外，向前折可达眼部
腹毛纯白色
尾毛棕黄色或棕色

社群单元：群居 | 采食：以蔬菜、杂草、牧草、粮食等为食

别名：跳囊鼠　　科属：啮齿目跳鼠科
孕期：约 28 天

跳鼠

跳鼠善跳跃，并因此而得名。它有冬眠的习性，期间会以尾部积累的脂肪来补充机体所需能量。每年的冬眠时间为 6 ~ 9 个月，每两周苏醒1次，体温则略高于0℃。动物在冬眠时，体温下降，心跳频率降低，呼吸减慢，能量消耗减少，只是依靠体内储存的脂肪维持生命，这是一种度过寒冷冬季、克服严酷环境求生存的一种办法。

- 大小：体长约 10 厘米，尾长约 20 厘米，体重 95 ~ 140 克。
- 栖息环境：亚、非、欧三大洲的干旱与半干旱地区。
- 分布：北美洲及欧亚大陆的北部。

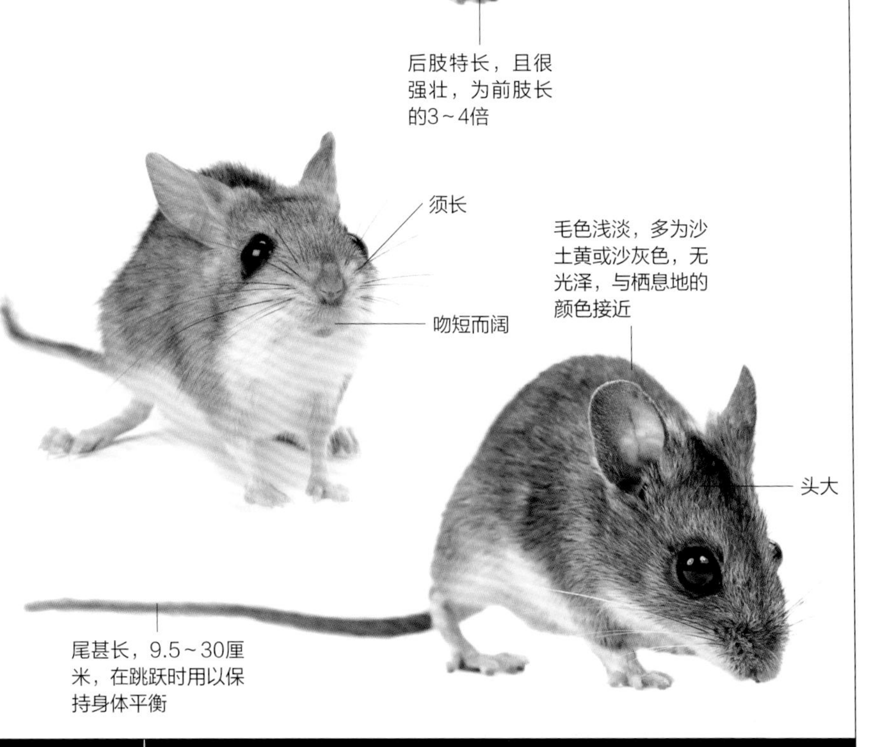
眼大
后肢特长，且很强壮，为前肢长的3~4倍
须长
毛色浅淡，多为沙土黄或沙灰色，无光泽，与栖息地的颜色接近
吻短而阔
头大
尾甚长，9.5~30厘米，在跳跃时用以保持身体平衡

社群单元：群居 | 采食：以植物种子及幼嫩根、茎为食，亦食少量昆虫

别名：斑点鬣狗、斑点土狼　科属：食肉目鬣狗科，斑鬣狗属
孕期：约 4 个月

斑鬣狗

斑鬣狗是体型最大的鬣狗，也是非洲除狮子外最强大的食肉动物。它们性情凶猛，主要以捕食动物活体为主，很少食腐肉。它们往往群体“作战”，每群约 80 只，雄性个体在群体中占优势，进食和消化能力极强，一只成年斑鬣狗一次可以吃下自己体重 1/3 的食物。它们善奔跑，且耐力惊人，可以保持每小时 10 千米的速度。如果近距离追逐猎物，可保持每小时 50 千米的速度，并且以此速度奔跑 3 千米以上。

◎ 大小：身长 95 ~ 160 厘米，尾长 25 ~ 36 厘米，肩高 75 ~ 90 厘米，体重 40 ~ 86 千克。

◎ 栖息环境：热带、亚热带草原和半荒漠地区的石砾荒漠。

◎ 分布：非洲撒哈拉沙漠以南的广大地区。

体形中等偏大，
雌性个体明显大
于雄性

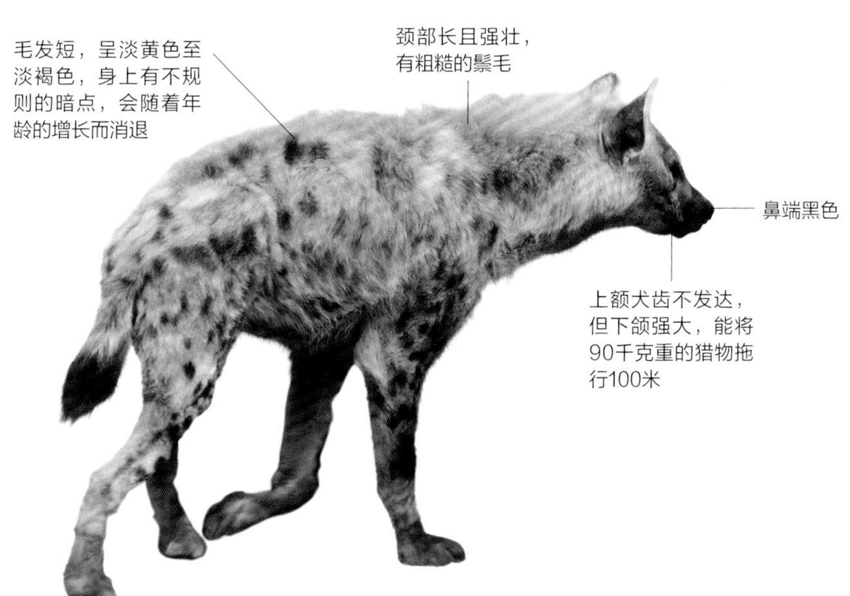
毛发短，呈淡黄色至
淡褐色，身上有不规
则的暗点，会随着年
龄的增长而消退
颈部长且强壮，
有粗糙的鬃毛
鼻端黑色
上额犬齿不发达，
但下颌强大，能将
90千克重的猎物拖
行100米

社群单元：群居 | **采食：以斑马、角马和斑羚等大中型草食动物为食**

别名：东非狒狒、橄榄狒狒　　科属：灵长目猴科，狒狒属
孕期：154 ~ 193 天（一般为 187 天左右）

绿狒狒

绿狒狒因毛发颜色呈橄榄绿而得名，数量较少。它们一般在地面活动，但也能爬树。它们高大强壮，雄性如果直立起来可有 1 米多高，除了狮子和豹，能吓走大多数食肉动物。它们一般 30 ~ 60 只甚至上百只结成群，在群体中，虽然雌性数量较多，但却是雄性地位较高，雄性通过打架的方式来决定它们在群体中的等级，只有等级较高的雄性才能与雌性交配。

大小：身高约 1.5 米，雄性体重约 50 千克，雌性体重约 15 千克。

栖息环境：草原、草地、开阔的林地、石砾山地等。

分布：马利、埃塞俄比亚以及坦桑尼亚北部。

幼仔体色为棕色，成年后变橄榄绿

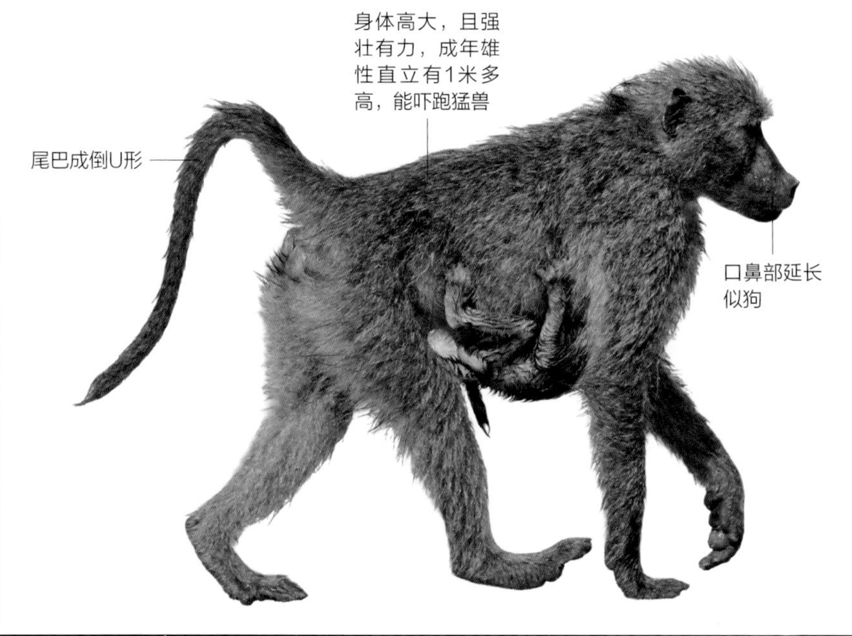
身体高大，且强壮有力，成年雄性直立有1米多高，能吓跑猛兽
尾巴成倒U形
口鼻部延长似狗

社群单元：群居 | 采食：主要以植物的各部位和昆虫、鸟卵等为食，有时也吃肉（如羚羊、野兔）

别名：无　科属：啮齿目松鼠科，非洲地松鼠属
孕期：35 ~ 40 天

地松鼠

地松鼠是松鼠的一种，它虽然不善跳跃，但却善于在地上打洞。它毛茸茸的大尾巴，不仅可以用来遮阳和当被子盖，而且还可以在危险发生时用来向其他同伴传递警报信号。它明亮的大眼睛，不仅使视野更广阔，并且也更容易看到潜在的威胁。此外，如果有危险发生，它还会用强健的后腿向上跳跃，并发出声音以提醒其他成员附近有危险出现。

- 大小：体长 21.5 ~ 25 厘米，尾长 7.5 ~ 5 厘米，体重 80 ~ 90 克。
- 栖息环境：干旱地带。
- 分布：非洲。

毛色黄里带黑，通常为红褐色

鼻子为黑色
眼睛为黑色
头顶较平
鼻子以及附近的部位向前突，有颊囊，吃东西时可膨胀

社群单元：群居 | 采食：主要以植物为食，也吃昆虫、腐肉或其他小动物

别名：大耳小狐、沙漠小狐　科属：食肉目犬科，狐属
孕期：51 ~ 52 天

耳廓狐

耳廓狐的体型与家猫相似，一对长约 15 厘米的大耳朵是它最显著的特征。它的大耳朵占身躯的比例极大，主要是为了适应沙漠干燥酷热的气候，具有散热的功能，此外，也能对周围微小的声音迅速做出反应。沙漠的昼夜温差极大，通常白天酷热、夜晚寒冷，而它有由软长皮毛覆盖的脚掌，不仅可以在蓬松的沙地上行走，而且也可以保温，以隔绝沙漠夜晚的寒冷。

- 大小：体长 30 ~ 40 厘米，尾长 18 ~ 30 厘米，肩高 18 ~ 22 厘米，体重约 1 千克。
- 栖息环境：沙漠和半沙漠地带。
- 分布：北非至亚洲西奈半岛北部的沙漠，主要包括阿尔及利亚、乍得、埃及、利比亚、马里、毛里塔尼亚、摩洛哥、尼日尔、苏丹、突尼斯。

耳长10～15厘米
全身皮毛软长，厚而柔滑，呈淡黄色

腹部、腿部、内耳为白色
尾毛呈淡红色，厚而浓密，尾尖呈黑色

眼睛大而黑
胡须为黑色
四肢细长

社群单元：群居 | **采食：以小型啮齿动物、鸟类、禽蛋、昆虫、水果、树叶和植物根茎等为食**

别名：洋猞猁、乌伦、玛瑙、玛瑙勒　　科属：食肉目猫科，兔狲属
孕期：63 ~ 70 天

兔狲

兔狲的体型与家猫相似，体形粗壮短小，额部宽阔，耳朵短而宽，且两耳的距离稍远，耳背则为红灰色。它的瞳孔收缩时呈圆形，为淡绿色。它全身被有浓密而柔软的毛，尤其是腹部的毛格外长，并会随季节的变化而不同。它的听觉系统和视觉系统发达，如果遇到危险，会迅速逃窜或隐蔽到洞中。它通常白天休息、夜晚活动，尤其是晨昏时段活动最为频繁。

◎ 大小：体长 50 ~ 65 厘米，体重约 2 千克。

◎ 栖息环境：荒漠草原、荒漠、戈壁。

◎ 分布：阿富汗、亚美尼亚、阿塞拜疆、中国、印度、伊朗伊斯兰共和国、哈萨克斯坦，吉尔吉斯斯坦、蒙古、巴基斯坦、塔吉克斯坦、土库曼斯坦、乌兹别克斯坦。

额部宽阔
腹部毛很长，约是
背部的1倍多

耳朵短宽且
耳尖圆钝
被毛浓密
柔软丰富
尾巴粗圆，有明显
的黑色环纹，且尾
巴尖端是黑色

社群单元：独居 | **采食：主要以鼠类为食，也吃野兔、鼠兔、沙鸡等**

第三章
森林哺乳动物

森林是世界上动植物资源最丰富的地区之一，
为哺乳动物提供了食物和隐蔽场所。
在树上生活的哺乳动物，
通常会利用自己的四肢和尾巴来抓住树枝，
以跳跃或飞跃的方式在树枝间穿行。
在树下生活的哺乳动物，为了躲避捕食者，
体色逐渐与周围的环境相一致。

别名：温泉雪猴、日本猴、雪猴　　科属：灵长目猴科，猕猴属
孕期：约173天

日本猕猴

日本猕猴是日本北部的一种猕猴，因冬天常全身披白雪而得名。由于天气寒冷，它们为了取暖，经常会集体泡温泉。冬季，它们最喜欢攀附在岩石上，将自己浸泡在温泉中，并在温泉里互相梳理毛发。有时，还可边泡温泉，边吃食物，甚至还谈情说爱。泡温泉是日本猕猴驱走严寒、保持身体热量以度过寒冬的方式。

- 大小：体长79～95厘米，尾长约10厘米，公猴体重10～14千克，母猴体重约5.5千克。
- 栖息环境：海拔3000米以上的高山暗针叶林带。
- 分布：日本长野县。

面孔为红色

背、体侧、四肢外侧和尾巴均为棕灰或灰黑色，毛长达23厘米
头顶有尖形的黑色冠毛
眼周和吻鼻部为青灰色或肉粉色，鼻端为深蓝色
上肢内侧为白色

社群单元：群居 | 采食：以云杉、冷杉等针叶树的嫩芽及松萝、竹笋等为食

别名：无　科属：灵长目长臂猿科，长臂猿属
孕期：约 210 天

长臂猿

长臂猿动作敏捷，因前肢较长而得名。它由一雌一雄组成一个家庭，每个家庭都有它的固定领地。随着人类活动领域地扩大，原始森林地开发，长臂猿赖以生存的环境遭到了严重破坏，再加上滥杀滥捕，致使它的数量越来越少。由于长臂猿和人类的身体构造、生理机能和生活习性比较接近，如都拥有 32 颗牙齿，都有一对乳房，大脑和神经系统都很发达，都有 A 型、B 型、AB 型血型，只是长臂猿缺少 O 型，此外，长臂猿有 22 对细胞染色体，只比人类少 1 对。因此，长臂猿对于研究人类具有非常重要的参考价值。

- 大小：体长在 1 米以下，体重一般不超过 10 千克。
- 栖息环境：热带或亚热带森林。
- 分布：东起中国云南、海南省，西至印度阿萨姆邦以及整个东南亚地区。

头小
被毛较长

头顶毛较长而披向后方，故头顶扁平，无直立向上的簇状冠毛
脸扁
两臂极长，前肢明显长于后肢，在树枝间用臂支撑移动，动作敏捷
手掌比脚掌长，手指关节也很长

社群单元：群居 | **采食：以植物性食物为主，主要采食植物的果实，也食小鸟、昆虫及白蚁等**

别名：无　　科属：灵长目人科，黑猩猩属
孕期：230 ~ 270 天

黑猩猩

黑猩猩与人类有着亲密的血缘关系，是与人类血缘最近的高级灵长类动物，智力水平仅次于人类。它们有 48 条（24 对）染色体，细胞色素 C 上的氨基酸顺序与人类相同，它们也有失望、恐惧、沮丧等情绪，智商相当于人类的 5 ~ 7 岁，不仅可以辨别不同颜色，还可以发出 32 种不同的叫声，并能使用一些简单的工具劳作。它们是树栖动物，大部分时间在树上活动，但也能用下肢在地面上行走。

- 大小：体长 70 ~ 92.5 厘米，身高 1 ~ 1.7 米，雄性体重 56 ~ 70 千克，雌性体重 45 ~ 68 千克。
- 栖息环境：热带雨林。
- 分布：非洲中部。

四肢覆有稀疏的黑毛

面部呈灰褐色

眼窝深凹，眉脊很高

社群单元：群居 | 采食：主要以水果、树叶、根茎、花、种子、树皮等为食

四肢修长，皆可
握物，并能以半
直立的方式行走
头顶毛发向后
耳朵特别大，
向两旁突出
身体被毛较短，
呈黑色
犬齿发达，齿式
与人类相同
前肢长24厘米

别名：山狮、美洲金猫、扑马　科属：食肉目猫科，美洲金猫属
孕期：约 90 天

美洲狮

美洲狮是生活美洲大型的猫科动物，与花豹相似，但身上没有花纹，且头比花豹小。它常在山谷丛林中活动，尤其喜欢在树上活动。它善跳跃，能跃 8 ~ 9 米。它性格温顺，从不主动攻击人，只有在威胁到它的安全时，才会攻击袭击者。在美洲，人们会驯养小美洲狮，使它长大后能像狗一样看守门户，因此，美洲狮被誉为“人类之友”。

➲ 大小：体长 1 ~ 1.5 米，尾长 57 ~ 92 厘米，肩高约 65 厘米，雄性体重 26 ~ 99 千克，雌性体重 18 ~ 57 千克。

➲ 栖息环境：森林、丛林、丘陵、草原、半沙漠和高山等，可以适应多种自然环境。

➲ 分布：北从北美洲的加拿大育空河流域，南至南美洲的阿根廷和智利南部，包括阿根廷、伯利兹、巴西、法属圭亚那、危地马拉、圭亚那、洪都拉斯、墨西哥等。

皮毛柔软，全身为单一的灰色、红棕色或红色
前足5趾，后足4趾，爪锋利，可伸缩，有利于攀岩和捕猎

体毛较短，身上没有斑纹
吻部较短

社群单元：独居 | **采食：主要以兔、羊、鹿等野生动物为食，在饥饿时也会盗食家畜家禽**

头大而圆
背部及四肢外侧为
棕灰、银灰及浅紫
色，腹部和四肢内
侧为灰白色
尾端有像狮子一样
的丛毛，但不如狮
子的丛毛明显
耳短，耳朵背后
有与狮子相似的
黑色斑
尾巴粗长
眼内侧和鼻梁骨两
侧有明显的泪槽
后腿比前腿长

别名：无　　科属：啮齿目松鼠科
孕期：35 ~ 40 天

松鼠

松鼠是树栖动物，毛茸茸的长尾巴是它的显著特征之一。它善跳跃，可跳 10 多米远，跳跃时，主要用后肢支撑身体和用尾巴保持平衡。它白天活动、夜晚休息，尤其喜欢清晨在树枝间跳来跳去。冬季寒冷时，它会躲进树洞抱着毛茸茸的尾巴取暖，为了防止透风，还会把洞封起来，等天气转暖后，再出来活动。它不喜欢在窝里吃食，而喜欢在阳光洒满林间时，坐在树枝上，用前肢把食物送入口中。

大小：体长 20 ~ 28 厘米，尾长 15 ~ 24 厘米，体重 300 ~ 400 克。

栖息环境：寒温带的针叶林及针阔叶混交林区，尤其在山坡或河谷两岸的树林中最多。

分布：在中国，主要分布于东北三省、内蒙古东北部、河北及山西北部、宁夏、甘肃、新疆、湖南、贵州等地的山区。国外从俄罗斯的远东、日本、朝鲜、蒙古北部，向西一直到西欧。

四肢细长而强健，前后肢间无皮翼，后肢更长，指、趾端有尖锐的钩爪，爪端呈钩状

体侧和四肢外侧均为褐灰色，毛基灰黑，毛尖褐或灰色
尾巴长而粗大，为体长的2/3以上，但不及体长

社群单元：独居 | 采食：主要以橡子、栗子、胡桃等坚果为食

尾毛密而蓬松，常朝
背部反卷，尾的背面
和腹面呈棕黑色，毛
基灰色，毛尖褐黑色
耳朵长，耳壳发达，
前折时可达眼，耳尖
有一束毛
身体细长而轻盈，
中等大小，被柔软
的密长毛反衬得特
别小
腹毛为白色
眼大而明亮

别名：小鼷鹿、鼠鹿、小跳麂、马来亚鼷鹿　**科属：**鼷鹿科，鼷鹿属
孕期：5 ~ 6 个月

鼷鹿

鼷鹿是有蹄类动物中最小的一种，体形同家兔差不多大，是一种夜行性动物，主要在早晨和黄昏活动，白天隐藏于草丛中，动作敏捷，善于隐蔽，一般不远离栖息地。据说它们很怕水，一旦被迫下水，出水后就会倒地不起，很长时间后才能活动。

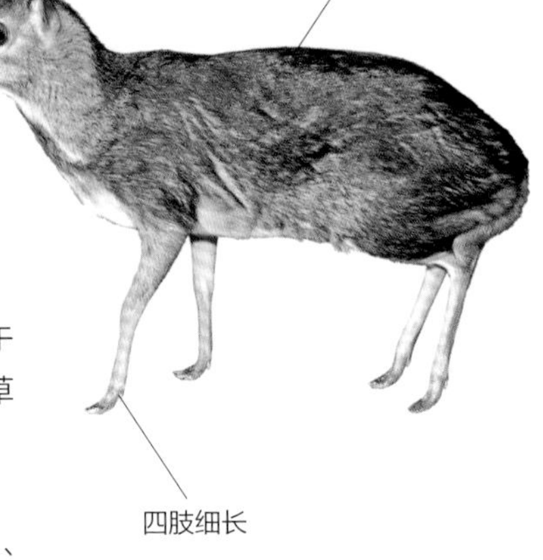
背部、体侧、腿侧等处的毛色为棕褐色
四肢细长

大小：体长 42~48 厘米，尾长 5~7 厘米，肩高不足 33 厘米，体重 125~210 克。

栖息环境：鼷鹿是真正的林栖动物，活动于低海拔地区的热带丘陵茂密的森林、灌丛和草丛，热带森林中的次生林、灌丛、草坡等地方，有时也进入农田地带。

分布：老挝、柬埔寨、越南、泰国、马来西亚、缅甸，中国云南地区。

脊背弯曲

头上没有角

喉部有白色纵行条纹

社群单元：独居 | **采食：**以无花果、炮仗花等植物的花、果及其他落地野果为食

别名：美洲虎　科属：食肉目猫科，豹属
孕期：100 ~ 110 天

美洲豹

美洲豹是一种大型猫科动物，为美洲所特有，其身形似虎，花纹则似豹。它们是食物链顶端的掠食者，其存在可以促进生态平衡、维持物种数量。现在，由于人类的活动领域不断扩大，大批原始森林被开垦为农田，美洲豹的栖息地不断缩小，同时，一些不法分子的偷猎活动，都使美洲豹的数量进一步减少。

大小：体长 182 ~ 285 厘米，尾长 60 ~ 90 厘米，肩高 90 ~ 110 厘米，体重 80 ~ 190 千克。

栖息环境：树木茂密的热带雨林和季节性泛滥的沼泽区以及附近的灌木丛和热带稀树草原。

分布：墨西哥以南直到阿根廷以北地区，其主要栖息地在亚马孙河流域。

身上的花纹很漂亮，黑色圆形的环圈较大，并且圆环中一般都有一个或数个黑色斑点
四肢粗短

眼窝内侧有肿瘤状突起，这个肿瘤状突起是豹、虎等其他豹属动物所没有的
身体肥厚，肌肉丰满
尾巴较短

社群单元：独居 | **采食：以鱼、树懒、水豚、鹿、刺鼠、野猪、食蚁兽、淡水龟、鳄鱼等为食**

别名：山猪、豕舒胖子　　科属：偶蹄目猪科，猪属
孕期：约 114 天

野猪

野猪在世界各地均有分布，但随着生存环境地破坏与人类滥捕滥杀活动得增多，野猪在全世界范围内急剧减少，已被许多国家列为濒危物种。冬天，它一般居住在向阳的栎树林中，这里既温暖，又食物丰富，可以依靠栎树林下的大量橡果度过寒冬。如果橡果收成不佳，野猪被大量饿死，来年春天它的数量就会大幅减少，这也是维持生态平衡的一种方式。夏天，它一般居住在近水源处，尤其喜欢亚高山草甸，这里气温相对较低，又有丰富的水源，取食、饮水和洗浴都很方便。

大小：体长 90~200 厘米，体重 80 ~ 100 千克。

栖息环境：山地、丘陵、荒漠、森林、草地和林丛。

分布：除极干旱、极寒冷、海拔极高的地区，世界各地均有分布。

体躯健壮，四肢粗短

背直不凹，背脊鬃毛较长而硬
尾巴细短
吻部突出似圆锥体，其顶端为裸露的软骨垫（也就是拱鼻）

社群单元：群居 | 采食：不仅捕食兔、老鼠、蝎子、蛇、蠕虫等，而且还偷食鸟卵

体色棕褐或灰黑色，因
地区不同略有差异，且
被粗糙的暗褐色或者黑
色鬃毛所覆盖
耳尖小并直立，耳披
有刚硬而稀疏的针毛
脚高而细，蹄黑色，
每脚有4趾，且有硬
蹄，仅中间2趾着地
犬齿发达，雄性上
犬齿外露，并向上
翻转，呈獠牙状
嘴尖而长
头较长

别名：猫熊、竹熊、银狗、洞尕　**科属：**食肉目熊科，大熊猫属
孕期：83 ~ 200 天

大熊猫

大熊猫是中国的特有物种，数量稀少，也是地球上最古老的物种之一，至少有 800 万年的历史，被誉为“中国国宝”和“活化石”。它虽然性情温顺，很少主动攻击其他动物，但在哺乳期和发情期却极易动怒。由于它的生存环境良好，既有充足的食物，又缺少天敌，因此，形成了它内八字缓慢的行走方式。同时，也正由于它行动迟缓，能量消耗降低，这样才使它能适应低能量的食物。

◎ 大小：体长 120 ~ 180 厘米，尾长 10 ~ 12 厘米，体重 80 ~ 120 千克。

◎ 栖息环境：海拔 2600 ~ 3500 米的茂密竹林里，多在坳沟、山腹洼地、河谷阶地等。

◎ 分布：中国甘肃、陕西、四川，包括秦岭、岷山、邛崃山、大相岭、小相岭和大小凉山等山系。

解剖刀般锋利的爪子和发达有力的前后肢，有利于大熊猫快速爬上高大的乔木

体毛粗糙，体色为黑白两色
视觉极不发达

社群单元：群居　**采食：以吃竹子为生，其中最喜欢吃大箭竹、华西箭竹等**

个体偏大，体形肥硕似熊、丰腴富态，胖嘟嘟的身体，标志性的内八字行走方式
大大的黑眼圈
圆圆的脸颊
腹毛略呈棕色色泽
皮肤厚，最厚处可达10毫米

别名：印度虎　科属：食肉目猫科，豹属
孕期：约 103 天

孟加拉虎

头部的条纹较密

孟加拉虎虽然是目前地球上数量最多、分布最广的虎类，但它仍然是世界濒危的野生动物之一。它具有一定的领地意识，领地范围由猎物数量、领地地形等多方面因素决定，一只老虎的领地可从十几至上百平方千米不等。它一般白天休息、夜晚捕食，捕食时用强大的咬合力直接咬断猎物的脖颈或使其窒息，食量很大，一次可吃肉 18 ~ 35 千克，但之后可在几天内不进食。

大小：雄性体长约 188 厘米，雌性体长约 166 厘米，体重约 200 千克。

栖息环境：森林、雨林、草地、沼泽。

分布：主要生活在孟加拉国和印度，在尼泊尔、不丹、中国和缅甸也有分布。

耳背为黑色，有白斑
毛稀疏而短，以棕色及白色为底，加上黑色的条纹，另外也有少量白底黑纹的白虎
颊部生有鬃毛
腹部呈白色

社群单元：独居 | 采食：以各种大、小型哺乳动物为食，包括猴子、梅花鹿、水鹿等

别名：铠鼠　科属：贫齿目犰狳科
孕期：40 ~ 120 天

犰狳

犰狳长相独特，穴居，常栖身于洞穴，昼伏夜出。因它浑身上下布满鳞状铠甲而被西班牙人称为“披甲猪”。它在哺乳动物中拥有最完美的防御能力，其防御手段包括：一逃、二堵、三伪装。所谓“逃”，即逃跑的速度快；所谓“堵”，即用它的尾部盾甲堵住洞口，将捕食者堵在洞外；所谓“伪装”，即身体蜷缩成球状，坚硬如“铁甲”，使捕食者无从入口。

大小：体长 75 ~ 100 厘米，尾长约 50 厘米，体重约 50 千克。

栖息环境：热带森林靠近水边的地区。

分布：南美洲东部的巴拉圭、阿根廷、委内瑞拉、圭亚那和巴西的亚马孙河流域等。

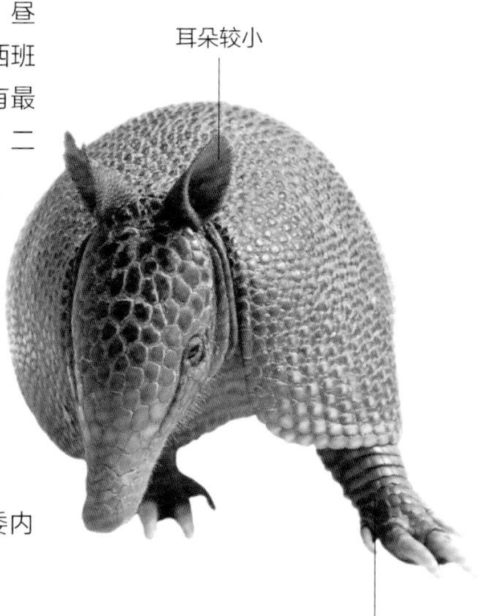
耳朵较小
四肢结实，前肢有3 ~ 5趾，趾爪弯曲强大，后肢5趾，有钝爪，可用来挖洞

头骨长，头部的前半部和后半部的骨质甲是分开的

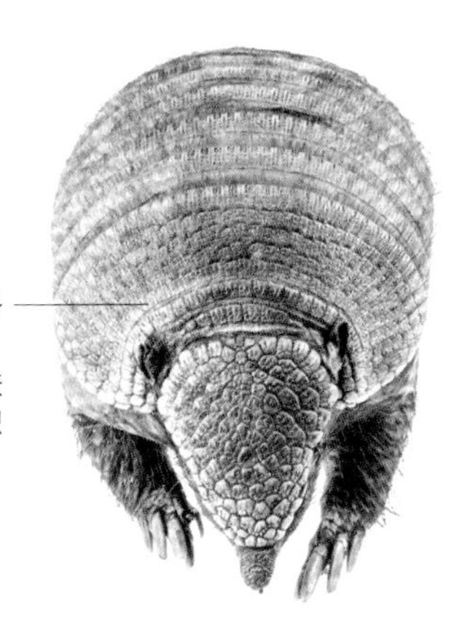
骨质甲覆盖头部、身体、尾巴和腿外侧，这层骨质甲深入皮肤中，由薄的角质组织覆盖

社群单元：群居　采食：以甲虫、蠕虫、白蚁、黑蚁、小蜥蜴、鸟蛋、坚果和蛇类等为食

别名： 狗熊、太阳熊、小狗熊、小黑熊　　**科属：** 食肉目熊科，马来熊属
孕期： 174 ~ 240 天

马来熊

马来熊体型较小，动作敏捷，白天休息、夜晚活动。它善爬树，一般生活在离地面 2 ~ 7 米的树上。它虽然怕冷，但由于生活在热带地区，食物的来源比较充足，因此，冬季并不冬眠。它喜食蜂蜜和蛴螬，身上粗糙的短毛，可使其免遭蜂蜇。它有时也食白蚁，通常用两只前掌交替伸进蚁巢，然后舔食掌上的白蚁。

大小：体长 110 ~ 150 厘米，尾长 3 ~ 7 厘米，肩宽约 70 厘米，体重 27 ~ 75 千克。

栖息环境：南亚茂密的热带雨林和亚热带常绿阔叶林。

分布：东南亚和南亚，包括老挝、柬埔寨、越南、泰国、马来西亚、印度尼西亚、缅甸、印度、孟加拉国等。

头部短圆

眼小
趾基部连有短蹼

社群单元： 独居 | **采食：** 以树叶、果实、蜜蜂、蜂蜜、棕榈油、昆虫、鸟类、蜥蜴等为食

口鼻突出，呈浅
棕色或灰色
颈部宽而短，且
周围的一圈皮肤
极松弛
耳小而圆，位于
头部两侧较低的
位置上
爪钩呈镰刀形，
善于攀爬
全身黑色，且身
体圆胖
舌很长，适于舔
食白蚁

别名：狼獾、月熊、飞熊、熊貂、山狗子　**科属：**食肉目鼬科，貂熊属
孕期：121 ~ 272 天

貂熊

貂熊体型较大，与貂、熊相似。它善奔跑、攀缘和游泳，性情机警、凶猛，力量也很大。它在冬季，可半冬眠，洞中睡觉时，会时不时地会走出洞外。它不筑巢穴，常住在其他动物废弃的洞穴中，有时也住在石隙、树根、树洞中。为了能迅速躲避危险，它所居住的洞穴通常有 2 个出口。

大小：体长 80 ~ 100 厘米，尾长约 18 厘米，体重 8 ~ 25 千克。

栖息环境：亚寒带、寒温带的针叶林，亚热带丘陵地带的竹林以及冻土草原。

分布：北亚、北欧、北美。

头大
耳小
四肢短健，跖行性，爪长而直，不能伸缩

毛被棕褐色，体侧向后沿臀周有一淡黄色半环状宽带纹，状似“月牙”
身体不大，体形粗壮
尾巴长而粗大，尾毛为黑褐色，呈丛穗状下垂，与貂尾相似

社群单元：独居 | **采食：以狐狸、野猫、麝、水獭、松鸡、榛鸡、鼠类及植物性食物为食**

别名：麋、犴、罕达犴、堪达犴　　科属：偶蹄目鹿科，驼鹿属
孕期：40 ~ 120 天

驼鹿

驼鹿是一种体型较大的鹿科动物。由于它生活在寒带，生活环境的恶劣使它进化出独有的生存本领。它虽然视觉不好，但听觉和嗅觉都很灵敏。它虽然看起来高大笨拙，但实际上动作却很灵活，可在 60 厘米积雪的地面上自由活动，也可保持时速 55 千米跑几个小时。它还善跳跃，可取食高处的树枝、树叶。另外，它善游泳，能一次游 20 多千米，有人甚至见过它横渡海峡，并且还能潜水至 5 ~ 6 米深处觅食水草。

➲ 大小：体长 200 ~ 260 厘米，肩高 160 ~ 240 厘米，体重约 700 千克。

➲ 栖息环境：北半球温带至亚北极地区的针叶林及混交林，多在林中平坦和低洼地带、沼泽地带活动。

➲ 分布：欧亚大陆的北部和北美洲的北部。

雄兽头上有角，
呈扁平的铲子状
鼻子肥大并
且有些下垂

肩部高耸，像骆
驼背部的驼峰
头部很大

眼睛较小
全身毛色为棕褐色，
夏季毛的颜色比冬季
要深得多

社群单元：独居，也可群居 | **采食：以草、树叶、嫩枝以及睡莲、浮萍等水生植物为食**

别名：扫雪鼬　　科属：食肉目鼬科，鼬属
孕期：9 ~ 10 个月

白鼬

白鼬动作敏捷，视觉和听觉灵敏，冬天，常拖着尾巴行走在雪地上，并在雪上留下痕迹，因此又名“扫雪鼬”。它善捕猎，觅食时，通常会伸长脖子，贴近地面行走，一边观察，一边匍匐着向前移动。它在遇到危险需急速奔跑时，背部会弯曲成弓形。正常状态下，它通常用快速碎步行走，如果遇到猎物，则贴近地面匍匐前进。

➲ 大小：体长 17 ~ 32 厘米，尾长 4 ~ 12 厘米，体重 42 ~ 260 克。

➲ 栖息环境：栖于近村舍的针叶林或混交林中，也栖于草原草甸、沼泽地、河谷地、森林、半荒漠的沙丘、耕地及河湖岸边的灌丛等。

➲ 分布：从欧洲和俄罗斯到日本和北美北部，在中国分布在黑龙江、内蒙古、甘肃、吉林、新疆、辽宁等地。

四肢短小，跖行性，足掌被短毛，前、后足均有5趾，爪长而尖，但不坚硬
头较短
体形较小，细长
体毛短，唯有尾端毛长
耳壳略呈椭圆形
鼻骨前端中央向上凸起，其后缘骨缝略凹
尾短，约为体长的1/3

社群单元：独居 | 采食：主要捕食鼠类，也吃某些鸟类和小型哺乳动物，还吃植物浆果

别名：灰熊、马熊、人熊、罴　科属：食肉目熊科，熊属
孕期：6 ~ 9 个月

棕熊

棕熊体型巨大，是最大的哺乳动物之一，嗅觉、视觉都很好，嗅觉是猎犬的 7 倍，捕鱼时则能清晰地看到清水中的鱼。它具有较强的适应能力，荒漠、高山、冰原都有它的身影。不同地区的棕熊喜欢不同的居住环境，北美棕熊喜欢居住在开阔地带，欧亚大陆上的棕熊喜欢居住在密林。它也有冬眠的习性，冬眠时，会出现体温下降、心跳减慢及排毒系统停止运作的现象，并且冬眠时还会产仔。

大小：体长 1.5 ~ 2.8 米，肩高 0.9 ~ 1.5 米，雄性体重 135 ~ 545 千克，雌性体重 80 ~ 250 千克。

栖息环境：寒温带的针叶林或者针阔混交林等。

分布：欧亚大陆和北美大陆的大部分地区。

头大而圆
被毛粗密，冬季可达10厘米，颜色各异，如金色、棕色、黑色和棕黑等

耳朵较小
前肢十分有力
尾巴较短

体形健硕，肩背和后颈部肌肉隆起

社群单元：独居　|　采食：植物性食物占了 60% 以上，其余则为动物性食物

别名：东北虎、阿尔泰虎　**科属：**食肉目猫科，豹属
孕期：105 ~ 110 天

西伯利亚虎

西伯利亚虎是体型最大的猫科动物。它目光如炬，身体强壮厚实，背部和前肢拥有强劲的肌肉，而巨大的四肢则推动身体平稳前进，如滑行在林中。它拥有锋利的钩爪，为了避免行摩擦地面，如果不用，可缩回爪鞘。它具有领域意识，活动范围可达 100 平方千米以上。

- **大小：**身长约 3 米，体重约 310 千克。
- **栖息环境：**落叶阔叶林和针阔叶混交林，也常出没于山脊、矮林灌丛和岩石较多的山地等。
- **分布：**亚洲东北部，即俄罗斯西伯利亚地区、朝鲜和中国东北地区。

耳短圆，背面黑色，中央带有1块白斑
毛色艳丽，夏毛棕黄色，冬毛淡黄色

社群单元：独居 | **采食：主要捕食鹿、羊、熊等大中型哺乳动物，也捕食小型哺乳动物和鸟类**

别名：无　**科属：**披毛目树懒科，树懒属　**孕期：**随种类而异，4 ~ 6 个月或 9 个月

树懒

树懒是树栖动物，外形与猴相似，常倒挂在树上数小时不动，因此而得名。它常年居住在树上，已经无法在地面生活，有时抱着树枝、依靠四肢在树上缓慢地爬行，有时则倒挂身体，可长时间保持。它身上长满植物，呈绿色，与周围环境完美地融为一体，可起到隐蔽的作用，使它在森林中难以被发现。由于它常倒挂在树枝上，因此，它的毛发逆向生长。

- **大小：**体长约 64 厘米，体重 4 ~ 7 千克。
- **栖息环境：**中美洲和南美洲的热带雨林。
- **分布：**中美洲和南美洲，包括委内瑞拉、圭亚那、哥伦比亚、厄瓜多尔、秘鲁、巴西等。

前肢3指，后肢3趾，均有可屈曲的锐爪，前肢长于后肢
头短圆，头骨短而高

社群单元：独居 | **采食：以树叶、嫩芽、果实为食**

别名：无　　科属：灵长目懒猴科，树熊猴属
孕期：约 170 天

树熊猴

树熊猴动作缓慢，行为谨慎，常昼伏夜出。它具有独特的自卫方式，由于其逃跑速度不快，在遇到危险时，可利用其肩胛处的突起保护自己不受伤害，只要能让敌人只咬到肩部，它就可逃脱。

大小：体长 30 ~ 40 厘米，尾长 3 ~ 10 厘米，最重可达 1.5 千克。

栖息环境：热带雨林。

分布：非洲。

耳朵较小

眼睛突出

长有擅于抓握的手，拇指和其他手指相对，可以握紧各种不同形状的树枝

毛发卷曲，呈灰褐色

社群单元：群居 | 采食：主要以昆虫和鸟为食，有时也吃野果

别名：跗猴　　科属：灵长目眼镜猴科，眼镜猴属　　孕期：约 180 天

眼镜猴

眼镜猴体型袖珍，是目前已知最小的灵长类动物，高度特化。它的显著特征之一是拥有两只圆溜溜的大眼睛，它对危险非常敏感。它还拥有一对大耳朵，因此，听觉非常灵敏，能觉察出周围的细微变化，且尾巴也很长，几乎是身体的一倍，起着支撑和平衡的作用。

大小：身长 8.5 ~ 16 厘米，尾长 13 ~ 27 厘米，体重 80 ~ 165 克。

栖息环境：热带和亚热带森林，喜欢生活在茂密的次生林和灌丛中。

分布：苏门答腊南部和菲律宾的萨马岛、莱特岛、迪纳加特岛锡亚高岛、薄荷岛和棉兰老岛等岛屿。

眼睛非常大，直径达16毫米

前肢短、后肢长，趾尖有圆形吸盘

社群单元：独居或成对居住 | 采食：以昆虫、青蛙、蜥蜴及鸟类等为食

别名：无　　科属：单孔目针鼹科，针鼹属
孵化期：7 ~ 10 天

针鼹

针鼹是澳洲的特有物种，为数不多的卵生哺乳动物之一。它的背部长满了针刺，外表的毛发呈褐色或黑色，外形与刺猬相似。它逃脱敌害的方法，或缩成球状，或钻进松散的泥土，或将身上的刺飞速射进敌害体内。它的腿粗壮有力，像铲子一样，适合挖掘。它主要以蚂蚁为食，而蚂蚁的生存能力极强，在全世界均有分布，从而为它提供了充足的食物来源，这也是它能够生存下来的原因之一。

大小：体长 40 ~ 50 厘米，体重 5 ~ 10 千克。

栖息环境：灌丛、草原、疏林和多石的半荒漠地区等。

分布：澳大利亚和新几内亚。

外形似刺猬
吻尖短而直，
外包有角质鞘

身上有坚硬的刺，
刺间和腹面有细毛
尾巴极短
眼睛很小
腿短，前后肢各有
5爪，长而锐利，
适于挖掘

社群单元：独居 | 采食：以蚁类和其他虫类为食

别名：无　　科属：双门齿目袋熊科，袋熊属
孕期：约1个月

袋熊

袋熊是澳洲特有的物种。它们的新陈代谢非常慢，基本上要用14天的时间完成消化，因此它们更适合在干燥的环境中生活。同时，它们动作缓慢，但遇到危险时，逃跑速度却可达40千米/小时。它们一般比较温顺，但如果遇到危险，也会奋起反击，如它被地下掠食者攻击，它就会破坏地下掠食者的藏身隧道，使掠食者窒息。

大小：体长70～110厘米，体重20～35千克。

栖息环境：温带地区开放的森林、草原、丘陵或海岸。

分布：澳大利亚东部、南部及塔斯马尼亚岛。

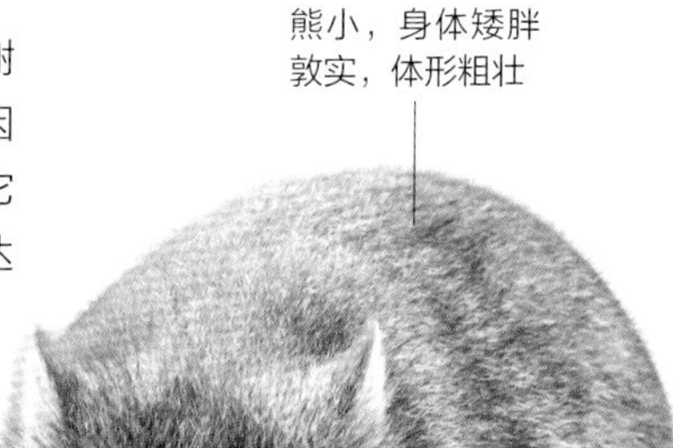
长相像熊，但比熊小，身体矮胖敦实，体形粗壮
脸似鼠，头骨略扁平

被毛较粗，呈灰褐色
眼小
四肢短而有力，前足5趾，爪子又宽又长，后足第3趾和第4趾合并

社群单元：独居　|　**采食：以灌木、树木、真菌、树皮、苔藓、叶子和沼泽植物等为食**

别名：考拉、无尾熊、可拉熊　　科属：有袋目树袋熊科，树袋熊属
孕期：约 35 天

树袋熊

树袋熊是一种树栖动物，又名考拉，这种动物只生活在澳大利亚，是澳大利亚的象征。它性情温顺，周身被有浓密的灰褐色短毛，憨态可掬，极像小熊。它特别喜欢睡觉，每天约有 22 个小时的时间在睡觉，不睡觉的时候，几乎都在吃东西。为了降低能量消耗，它喜欢在夜间和晨昏时活动。它很少饮水，因为所食的桉树叶中含有大量水分，可满足它 90% 的水分需要，只在生病或天气干旱时才饮水。

➲ 大小：身长 70 ~ 80 厘米，雄性体重 8 ~ 14 千克，雌性体重 6 ~ 11 千克。

➲ 栖息环境：澳大利亚东部沿海的岛屿、高大的桉树林以及内陆的低地森林等各种环境。

➲ 分布：澳大利亚。

四肢修长且强壮，
前肢与腿几乎等长
鼻子裸露且扁平
白色胸部中央具
有一块特别醒目
的棕色香腺
耳朵较大，且有
茸毛

社群单元：独居 | 采食：以桉树叶和嫩枝为食

别名：无　　科属：灵长目悬猴科
孕期：约 6 个月

蜘蛛猴

蜘蛛猴四肢修长，似一只大蜘蛛栖息在树上，故得此名。它尾巴的抓曳能力极强，既可以协助攀登，又可以帮助逃生，甚至还可以倒挂着睡觉。它的尾巴非常灵活，可以像人手一样采摘食物、捡拾东西。因此，它的尾巴被称为蜘蛛猴的“第五只手”。它是树栖动物，动作敏捷，又生性好动，绝大部分时间在树上活动，用修长的四肢在树上跳跃爬行，但有时也在地上活动，可以直立行走。它非常怕冷，只能在热带丛林中生存。

- 大小：身长 35 ~ 66 厘米，体重 6 ~ 10 千克。
- 栖息环境：中南美洲的热带雨林。
- 分布：墨西哥以南到巴西的广大地区。

身体瘦小
手没有拇指，能直立行走

头又圆又小
尾巴比身体还长，长达80厘米，超过身长10多厘米
四肢细长

社群单元：群居 | **采食：以果实、树叶、花蕾为主**

别名：白头卷尾猴、白面卷尾猴　**科属：**灵长目卷尾猴科，卷尾猴属
孕期：157 ~ 167 天

卷尾猴

头顶处有一个V
字形的区域

卷尾猴是一种小型猴类。它们性情温顺，动作迟钝，总是一副忧愁的样子，惹人怜爱，而它那条可以卷曲缠绕的长尾巴更是引人注目。它是一种非常聪明的猴类，脑容量为 79 克。此外，它的社会性也很强，通常白天结群活动，每群有 10 只左右，但有的也会结成大的猴群，甚至多达 500 只。雄性为群体的核心，且雄性数量多于雌性。

- 大小：体长约 43.5 厘米，体重约 3.9 千克。
- 栖息环境：湿润的雨林，最高海拔为 2700 米。
- 分布：哥伦比亚东部、委内瑞拉、圭亚那、秘鲁东部、巴西、玻利维亚、巴拉圭等国家和地区。

体毛多为黑色
脸部和肩膀部位
为粉红色
尾巴卷曲
脸部周围为白色
或黄白色
四肢长有扁甲

社群单元：群居　|　**采食：主要以植物为食，取食嫩枝和树叶，也吃野果、昆虫和鸟蛋等**

别名：节尾狐猴　　科属：灵长目狐猴科，狐猴属
孕期：约 5 个月

环尾狐猴

环尾狐猴是狐猴的一种，较为原始，其最显著的特征是黑白条纹的环尾。它的环尾经常会在活动的时候高高翘起，可以起到以下几方面的作用：第一，使环尾狐猴能在树林中加强联系；第二，尾巴的气味，就像人的指纹一样独一无二，可以彰显其在群体中的地位，如果个体断了尾巴，那它将在种群中处于非常不利的地位；第三，尾巴上的气味主要由上臂内侧及肛门处的角质化斑粒状腺体分泌，可用来划定群体边界，群体中的成员要不断检查这种特有的气味，并融入自己的气味。

大小：体长 30 ~ 45 厘米，尾长 40 ~ 50 厘米，体重约 2 千克。

栖息环境：干燥的森林和丛林。

分布：马达加斯加南部和西南部。

头小
腹部为灰白色

具有11～12个黑白相间圆环的长尾
背部的毛呈浅灰褐色
头部两侧长毛丛生
后肢比前肢长

社群单元：群居 | **采食：以树叶、花、果实以及昆虫等为食**

别名：印度象、野象　科属：长鼻目象科，象属
孕期：600 ~ 640 天

亚洲象

亚洲象是亚洲最大的陆生哺乳动物，长长的鼻子是它最突出的特征。象鼻可垂到地面，是呼吸器官和上唇的延长体，由 4 万多条肌纤维组成，里面的神经组织丰富，因此，象鼻不仅是嗅觉器官，而且还是取食、饮水的工具以及自卫的武器。象鼻顶端的小突起，上面有许多神经细胞，因此，象鼻非常灵敏，可以任意转动和弯曲，相当于人手。

➲ 大小：身长 5 ~ 7 米，肩高 2.4 ~ 2.8 米，尾长 1.2 ~ 1.5 米，体重 2000 ~ 6000 千克。

➲ 栖息环境：亚洲南部的热带雨林、季雨林及林间的沟谷、山坡、稀树草原、竹林及宽阔地带。

➲ 分布：东南亚、南亚等热带地区，包括印度、尼泊尔、斯里兰卡、缅甸、泰国、越南、印度尼西亚和马来西亚等国家。

前额左右有两块隆起，称为“智慧瘤”，其最高点位于头顶，但它的脑却很小

耳大，宽度近1米
象牙长度为2米左右，单支重30~40千克
四肢粗大强壮，几乎垂直于地面，像4根柱子，前肢5趾，后肢4趾

社群单元：群居 | 采食：主食竹笋、嫩叶、野芭蕉和棕叶芦等

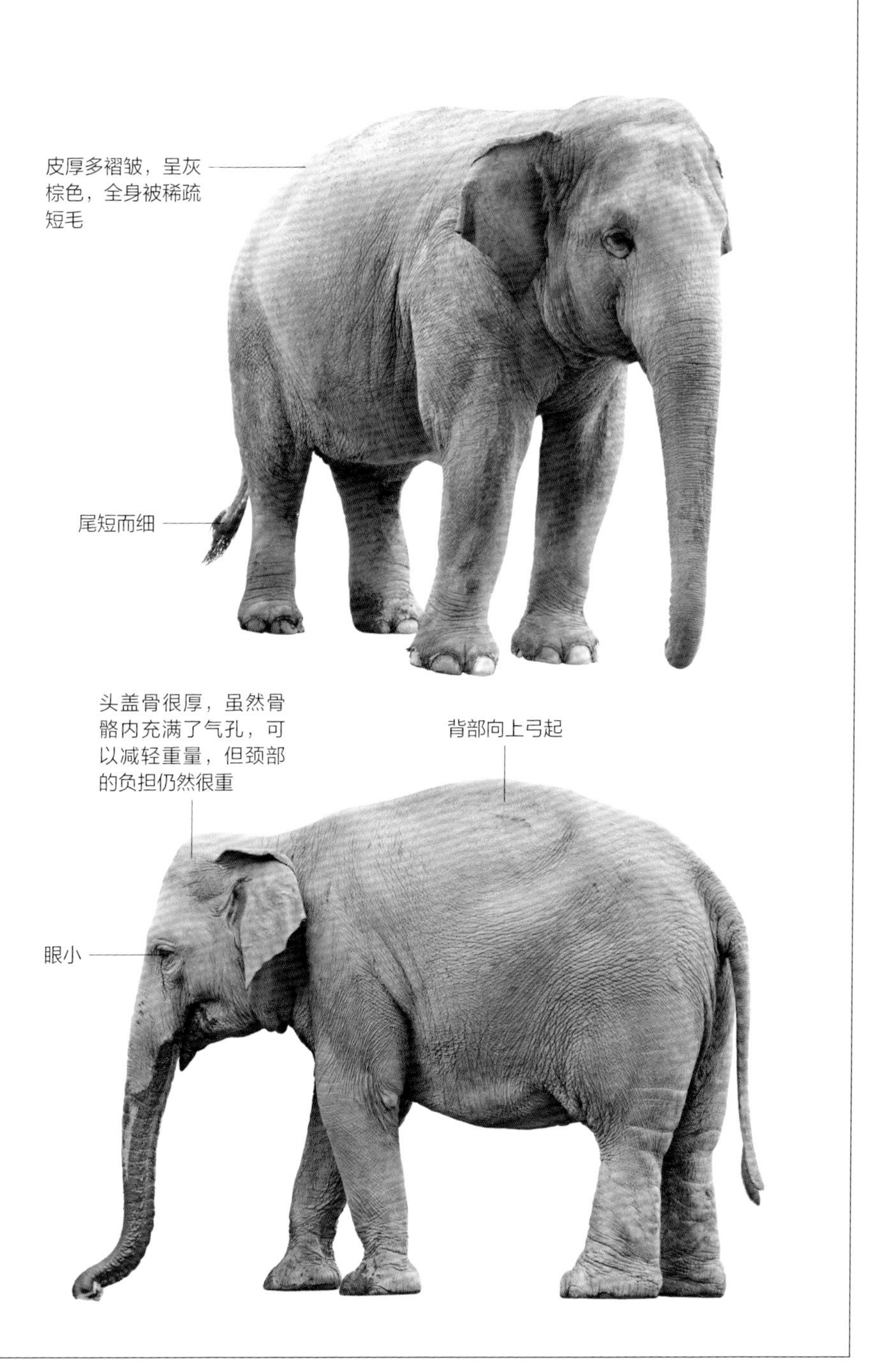
皮厚多褶皱，呈灰
棕色，全身被稀疏
短毛
尾短而细
头盖骨很厚，虽然骨
骼内充满了气孔，可
以减轻重量，但颈部
的负担仍然很重
背部向上弓起
眼小

别名：无　**科属：**食肉目鼬科，蜜獾属
孕期：50 ~ 70 天

蜜獾

蜜獾被吉尼斯世界纪录命名为“最大胆的动物”，它看起来性格温顺，但实际上攻击性极强，几乎会攻击所用动物，尤其是对待异类会更加凶猛，并且它还很聪明，会使用简单的工具，能迅速觉察到敌人的弱点。它最有力的武器不是尖牙利爪，而是它的凶猛及不屈不挠的斗志。而且它很勇敢，无所畏惧，会直接冲进蜂箱为得到蜂蜜，能够杀死鳄鱼幼仔，也是捕蛇高手，就连狮子、豹子等都不愿去招惹它。

鼻子在外看起来较平钝

背部灰色

爪子强壮，可以捣毁蜂巢

◎ 大小：雄性体长约 98 厘米，雌性体长约 91 厘米；雄性肩高约 39 厘米，雌性肩高约 35 厘米；雄性体重 4 ~ 9 千克，雌性体重 5 ~ 10 千克。

◎ 栖息环境：热带雨林和开阔草原地区。

◎ 分布：非洲、西亚及南亚。

身体厚实，皮毛松弛且非常粗糙
头部宽阔
眼睛小

社群单元：独居或成对生活 | **采食：以小型哺乳动物、鸟、爬虫、野果、浆果、坚果等为食**

别名： 人猿、红猩猩、红毛猩猩　　**科属：** 灵长目人科，猩猩属
孕期： 7 ~ 9 个月

猩猩

猩猩是珍稀的灵长类动物，因身上长有红色毛发而被称为红毛猩猩，生活在亚洲，憨态可掬，非常可爱。它是树栖动物，常常单独行动，擅长模仿学习，可利用工具获得食物。当有敌对动物出现或看到不满意的事时，它常做“捶胸”的动作，目的是表示不满并向对方显示实力，这个动作也是猩猩的标志性动作。它与猴子的差别就在于没有尾巴，并能用四肢拿东西。它与人类有较亲密的血缘关系，基因相似度高达 96.4%。

◎ 大小：身高 171 ~ 180 厘米，雄性体重 60 ~ 90 千克，雌性体重 40 ~ 50 千克。

◎ 栖息环境：热带山地森林、低地龙脑香森林、热带泥炭沼森林和热带卫生保健林。

◎ 分布：苏门答腊北部和婆罗洲的大部分低地。

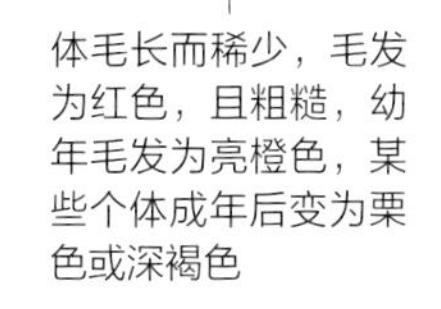

体毛长而稀少，毛发为红色，且粗糙，幼年毛发为亮橙色，某些个体成年后变为栗色或深褐色

面部赤裸，为黑色，但是幼年时的眼部周围和口鼻部为粉红色

雄性脸颊上有明显的脂肪组织构成的“肉垫”

社群单元：群居 | 采食：主要吃果实、嫩枝、花蕾、蔓生植物，也吃鸟卵和小型脊椎动物

别名：食物小偷、干脆面君　**科属：**食肉目浣熊科，浣熊属
孕期：63 ~ 65 天

浣熊

浣熊喜欢吃鱼，因此，常在河边捕食鱼类。它通常在冬天开始时就储存脂肪，体重因脂肪的增加而增加，相当于春天时的两倍。它经常栖息在靠近水源处的树林中，白天休息，夜晚活动、觅食。它一般在树上建巢，如果受到袭击，可随时逃到树梢躲起来。此外，它还有冬眠的习性。

大小：体长 40 ~ 70 厘米，尾长 20 ~ 40 厘米，肩高 23 ~ 30 厘米，体重 3.5 ~ 9 千克。

栖息环境：潮湿的森林地区。

分布：美洲地区，包括加拿大、哥斯达黎加、萨尔瓦多、危地马拉、洪都拉斯、墨西哥、尼加拉瓜、巴拿马、美国，欧洲地区也有发现，包括奥地利、阿塞拜疆、比利时、捷克、法国、德国、卢森堡、荷兰、俄罗斯、瑞士、乌兹别克斯坦。

耳朵略圆，上方有白毛

尾长，有黑白环纹，也有少数黄白相间环纹，5~7个环

社群单元：群居 | **采食：春天和初夏主要食昆虫、蠕虫等，夏末及秋、冬季主要食水果和坚果**

眼睛周围有黑色区域，为深色皮毛，并与其周围的白色脸颊形成鲜明对比
前后爪有5趾，脚趾常分开，能抓住东西
全身通常为深浅不宜的灰色，也有部分棕色、黑色、淡黄色以及罕见的白化种
体形较小

别名：鸮猴、猫头鹰猴　**科属**：灵长目卷尾猴科，夜猴属
孕期：5 ~ 6 个月

夜猴

夜猴像猫头鹰一样昼伏夜出，喜欢在夜间活动、觅食。它主要依靠叫声来沟通，叫声复杂多变、时高时低，不仅能发出“叽叽喳喳”的尖叫声，还能发出雷鸣般的“隆隆”声。此外，还可以发出清脆的“噔噔”声，就算是在猴类中也是非常独特的。它还是一种十分敏感的动物，对于突如其来的动作、声音，反应会相当强烈，特别是当它在打盹或睡觉时，遇到刺激会立刻跃起，然后快速奔跑。

- 大小：体长 24 ~ 72 厘米，尾长 15 ~ 90 厘米，体重 3 ~ 10 千克。
- 栖息环境：南美洲的热带雨林。
- 分布：南美洲，包括巴西、委内瑞拉。

毛呈淡棕灰色，杂有一些橄榄绿色，使它在树上巧妙地伪装

爪子细长，长短比例跟人类相似

眼睛很大，周围有白色的颔毛，上方长有棕黑色的额毛，眼珠凸出

脸部长着短稀的毛

身上长满毛，毛发美丽而柔软

社群单元：群居　**采食：以野果、昆虫、蜗牛、雨蛙、鸟蛋、蜂蜜为食**

别名：披甲猪　　科属：有甲目犰狳科，倭犰狳属
孕期：40 ~ 120 天

毛犰狳

毛犰狳全身长有鳞片，鳞片则由许多细小骨片构成，每个骨片上都覆有一层有角质的鳞甲，可用来抵御敌人。它身上的鳞甲将身体的大部分覆盖，只有在腹部和四肢盾板之间有柔软的皮肤裸露，上面还有稀疏的毛发。它还有杂食、昼伏夜出和居于洞穴等有利于生存的习性。

- 大小：体长 12.5 ~ 100 厘米，尾长 2.5 ~ 50 厘米，体重约 50 千克。
- 栖息环境：中美洲和南美洲的热带森林、草原以及半荒漠地带。
- 分布：中、南美洲以及美国南部。

腹部无鳞片只有毛
尾巴和腿上也有鳞片，鳞片之间还长着毛

四肢结实，前后足大而有钝爪
头骨长
前后两部分有整块不能伸缩的骨质鳞甲覆盖

社群单元：群居 | 采食：主要以昆虫为食，也吃无脊椎动物、小型脊椎动物以及植物性食料

别名：无　　科属：灵长目卷尾猴科，松鼠猴属
孕期：160 ~ 170 天

松鼠猴

松鼠猴主要生活在南美洲，体型较小，性情温顺，易驯养，现已逐渐宠物化。它主要生活在树上，偶尔到地面上寻找昆虫或采集果实。它是群居动物，通常白天活动，群体一般由 10 ~ 30 只组成，但有时也可以组成 100 只甚至更多的大群，每个群都有自己的领域范围，并用肛腺分泌物划分边界。它有 26 种叫声，变化多端，如觅食时，会发出唧唧声和啾啾声，交配时，则会发出嘎嘎声和低沉震颤声，生气时，还会发出吼叫声。

大小：体长 20 ~ 40 厘米，尾长约 42 厘米，体重 0.75 ~ 1.1 千克。

栖息环境：生活在原始森林、次生林、耕作地区以及海拔 1500 米处的树林中，通常在靠近溪水的地带活动。

分布：南美洲，包括巴西、哥伦比亚、厄瓜多尔、法属圭亚那、苏里南、委内瑞拉玻利瓦尔。

毛厚且柔软，体色鲜艳多彩，毛色大部为金黄色

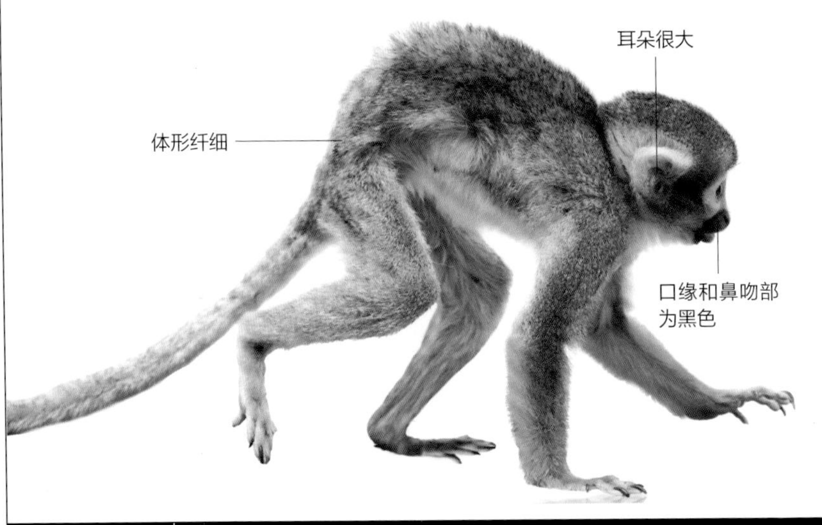
耳朵很大
体形纤细
口缘和鼻吻部为黑色

社群单元：群居 | **采食：以水果、草莓、坚果、花、种子、鸟蛋、昆虫及小型脊椎动物为食**

眼圈、耳缘、
鼻梁、脸颊、
喉部和脖子两
侧均为白色
尾巴长
头顶为灰色
或黑色
眼睛很大，且眼
距很宽
背部、前肢、
爪子为红色或
黄色

别名：无　　科属：灵长目人科，大猩猩属
孕期：约 8.5 个月

山地大猩猩

山地大猩猩数量稀少，现已处于濒临灭绝的状态。它身材高大，看起来十分吓人，但实际上，它的性格却很温和，喜欢在树林里闲逛、嚼枝叶或睡觉。它生活在高海拔的地方，由于气候寒冷，因此，它的毛发比同类要长且黑。它的双脚与人类相像，可以行走 6 米远。它白天活动、夜晚休息，活动时间为 6 ~ 18 时。由于它是草食性动物，食物的热量低，需要大量进食，因此，它的大部分时间都在吃东西。

◎ 大小：身高 1.5 ~ 1.8 米，体重 100 ~ 180 千克。

◎ 栖息环境：海拔 2225 ~ 4267 米维龙加山脉的艾伯丁裂谷山地森林。

◎ 分布：乌干达、刚果（金）和卢旺达 3 国交界地带。

体形高大且健壮

额头往往很高
面部和耳上无毛
前肢上的毛特别长
上肢比下肢长

社群单元：群居 | 采食：主要以树叶、树枝、树干、树皮、树根、花及果实等为食

鼻孔大
体毛粗硬、灰黑色，
毛基黑褐色
背部的毛比身体
其他部位的毛短
眼小
吻部短
毛长，并有丝绸
光泽

别名：无　　科属：食肉目熊科，熊属
孕期：约 220 天

美洲黑熊

美洲黑熊体型较大，数量较多。它由于脚底扁平、后肢比前肢稍长，因此，动作缓慢。它虽然能用后肢站立和行走，但一般还是用四肢。它擅长爬树，可用来躲避敌人。它虽然好狠争斗，但也会为了保护自己，尽量避免不利于自己的争斗。它通常会在危险出现的时候，做一些动作威慑对方，如张牙舞爪地站起来，朝着对方龇牙咧嘴，做出攻击状。

大小：体长 1.2 ~ 2.2 米，肩高 0.7 ~ 1 米，雄性体重 60 ~ 225 千克，雌性体重 40 ~ 150 千克。

栖息环境：针叶林和落叶阔叶林。

分布：北美洲。

体形硕大
前、后肢均有5趾，跖行性，整个足掌地而行

毛发浓密
耳朵为圆形
眼睛较小
鼻子较长
四肢粗短

社群单元：独居 | **采食：主要以植物性食物为主，有时也吃昆虫、鱼、蛙、鸟卵及小型兽类**

别名：长吻浣熊　科属：食肉目浣熊科，南美浣熊属
孕期：40 ~ 120 天

南浣熊

南浣熊是树栖动物，可在树上睡觉、交配和生育。它善于攀爬，大多数时间生活在树上，只有在危险发生时，才会从树上下来。它不喜欢在树枝间上下移动，通常横向移动，并用尾巴保持平衡。它如果在地面行走，通常会竖起尾巴，尾端则呈弯曲状。它一般在白天行动、觅食，但也有少数成年雄性个体喜欢在夜间活动。

大小：体长 41 ~ 67 厘米，尾长 32 ~ 69 厘米，体重 3 ~ 6 千克。

栖息环境：常在落叶林和常绿森林中活动，也出现在河边的森林、热带雨林以及环境相对干燥的灌丛森林中，由于人类活动的影响，它们也习惯了在次生林和森林的边缘活动。

分布：原产于南美洲，后迁入北美洲，从美国西南的亚利桑那经南美北部的哥伦比亚和委内瑞拉，一直到南部的乌拉圭和阿根廷北部皆有分布。

上体为红棕色
与黑色混合

耳朵小而圆，
内圈白边
黑至棕色的尾巴
环饰黄色皮毛
黑色双足短而
有力
前肢短，后肢长
吻鼻部呈白色

社群单元：雄性独居，雌性散居 | 采食：主食水果，也食无脊椎动物

别名：无　　科属：食肉目臭鼬科，臭鼬属
孕期：约 63 天

臭鼬

臭鼬最显著的特征是拥有黑白相间的皮毛，具有警示敌人的作用。它性情温顺，一般白天休息，夜晚活动、觅食。它可利用腺体分泌的奇臭物防卫敌人，如果敌人靠近，先低头，后竖起尾巴，然后再用前爪跺地发出警告。如若不行，它就会转身向敌人喷出臭液。它喷出的这种液体不仅奇臭无比，方圆约 800 米内都可以闻到，而且还会导致被击中者短暂失明，因此，大部分掠食者都会避开臭鼬。

- 大小：体长 61 ~ 68 厘米，尾长 22.5 ~ 25 厘米，体重 1.4 ~ 6.6 千克。
- 栖息环境：栖息地多种多样，包括树林、平原和沙漠地区。
- 分布：加拿大、墨西哥和美国。

耳短而圆

体形粗壮，中等大小，
雄性大于雌性

社群单元：独居或成对居住 | **采食：以野果、小型哺乳类动物、昆虫和谷物为食**

尾巴长有浓密的皮
毛并似刷状，看起
来非常可爱
四肢短，前足爪长，
后足爪短，每个爪有
5个脚趾，后爪爪跟
与地面接触
头部亮黑色，两眼
间有一狭长白纹
两条宽阔的白色背
纹始于颈背，并向
后延伸至尾基部
眼睛小

别名：貉獾、熊灵猫　科属：食肉目灵猫科，熊狸属
孕期：2 ~ 3个月

熊狸

熊狸是一种体型较大的灵猫，与小黑熊相像。它擅长攀爬，喜欢在树上活动。它能利用尖锐的爪及粗壮的尾巴在树枝间活动、觅食。除此之外，它的后肢可以大幅度弯曲，这就使它可以头朝下得从树上爬下来。它性情温和，如果开心，还会发出咯咯的笑声，但如果受到威胁，也会变得异常凶猛。

大小：体长 70 ~ 80 厘米，体重 8 ~ 13 千克。

栖息环境：亚洲南部的热带雨林和季雨林，海拔高度一般不超过 800 米。

分布：多分布于东亚、南亚、东南亚。

耳端有长达5厘米的簇毛，明显超过耳尖，形成长而尖的黑色簇毛

毛被长而稀疏，粗糙而蓬松，体毛黑色蓬松，杂有浅棕黄色

社群单元：独居 | 采食：主要以果实、鸟卵、小鸟及小型兽类为食

唇旁的长须呈
白色
四肢粗壮，5趾长
有利爪

头、眼周、前额和
下颏部为暗灰色
粗壮的尾巴与
身体差不多长
尾巴长有蓬松
粗糙的毛，具
有抓握功能
足垫大，几乎
覆盖整个足底

别名：乌云豹、龟纹豹、荷叶豹　**科属：**食肉目猫科，云豹属
孕期：85 ~ 93 天

云豹

云豹体型较小，介于豹和家猫之间，仅比石纹猫大。它的体侧有 6 块暗色斑纹，呈云状，故名云豹，而这些斑纹的中心为暗黄色，边缘为黑色，形状则如龟纹，故又称为“龟纹豹”。它数量稀少，是中国的国家一级保护动物。它善攀缘，在树上生活，常伏在树枝上狩猎，只有在接近猎物时，才从树上跃下捕食。

大小：体长 70 ~ 110 厘米，尾长 70 ~ 90 厘米，肩高 60 ~ 80 厘米，雄性体重 23 ~ 30 千克，雌性体重 16 ~ 22 千克。

栖息环境：亚热带和热带山地及丘陵常绿林，最常出现在常绿的热带原始森林。

分布：亚洲的东南部；从最西部的尼泊尔开始，一直向东到中国台湾，包括缅甸和中国秦岭以南地区；往南则从印度东部、中南半岛开始，一直向南到马来半岛等地为止。

四肢呈黄色，具有长形黑斑，内侧颜色黄白，亦有少数明显的黑斑

瞳孔长方形，收缩时呈纺锤形
鼻尖粉色，有时带黑点

社群单元：独居 | **采食：**以大眼斑雉、短尾猴、懒猴、银叶猴、豚鹿等为食，有时也捕杀家畜

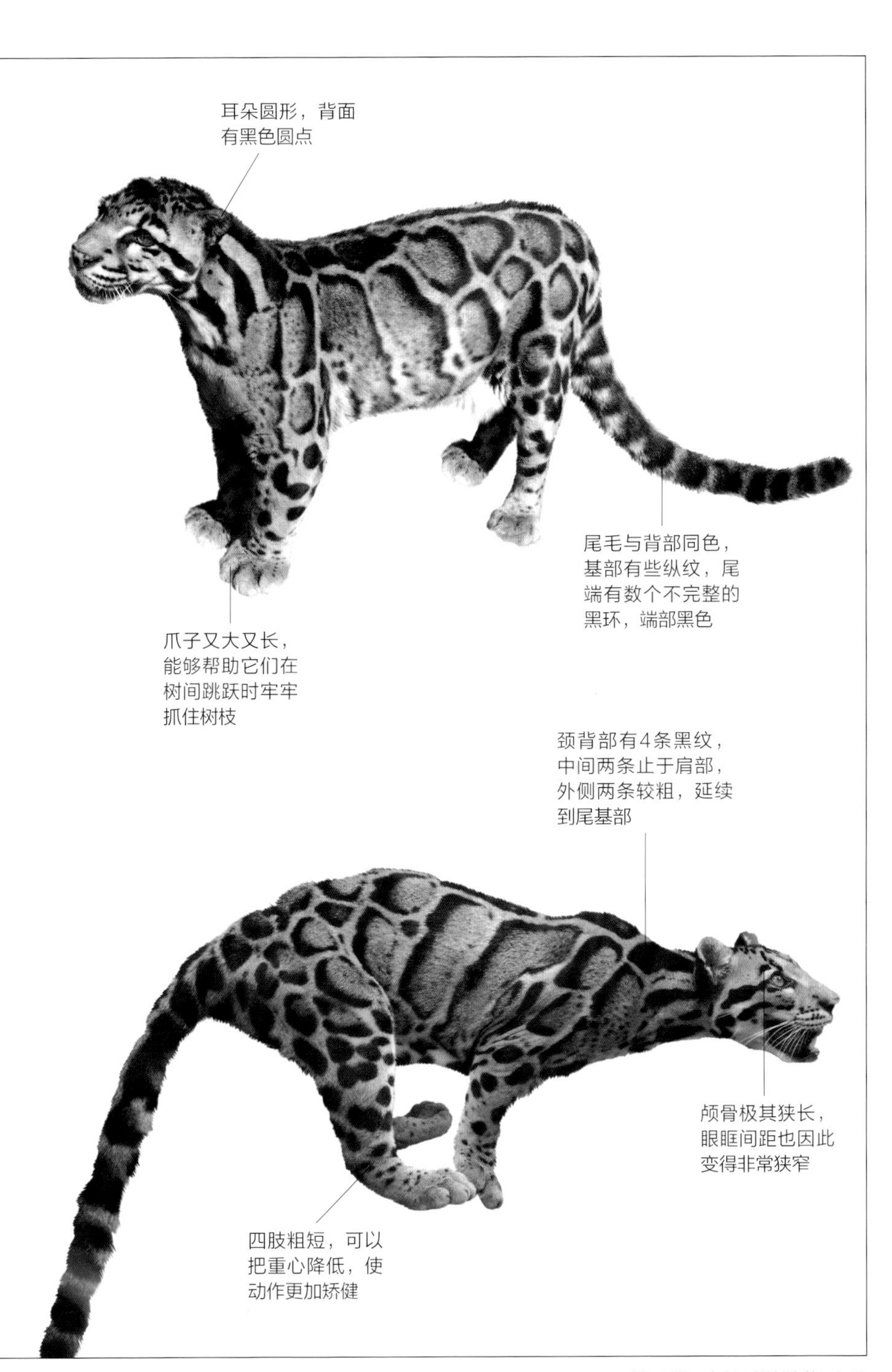
耳朵圆形，背面
有黑色圆点
尾毛与背部同色，
基部有些纵纹，尾
端有数个不完整的
黑环，端部黑色
爪子又大又长，
能够帮助它们在
树间跳跃时牢牢
抓住树枝
颈背部有4条黑纹，
中间两条止于肩部，
外侧两条较粗，延续
到尾基部
颅骨极其狭长，
眼眶间距也因此
变得非常狭窄
四肢粗短，可以
把重心降低，使
动作更加矫健

别名：天狗猴　科属：灵长目猴科，长鼻猴属
孕期：约 166 天

长鼻猴

长鼻猴的腹部较大，消化系统分很多部分，可帮助其消化食物。它由于手和足都有 5 指、趾，且指甲扁平，因此，能直立行走。初生的小长鼻猴脸呈蓝色，然后慢慢变为暗灰色，而成年长鼻猴呈粉红色和棕色。鼻子是它最明显的特征之一，它还会随着年龄增长而变得越来越大，吃东西时还需将它歪到一边。雄性长鼻猴如果情绪激动，大鼻子还会向上直立或上下晃动。

大小：体长 60 ~ 70 厘米，体重 7 ~ 22 千克。

栖息环境：红树林泥炭沼泽及淡水沼泽森林。

分布：文莱、印度尼西亚的加里曼丹、马来西亚的沙捞越和沙巴。

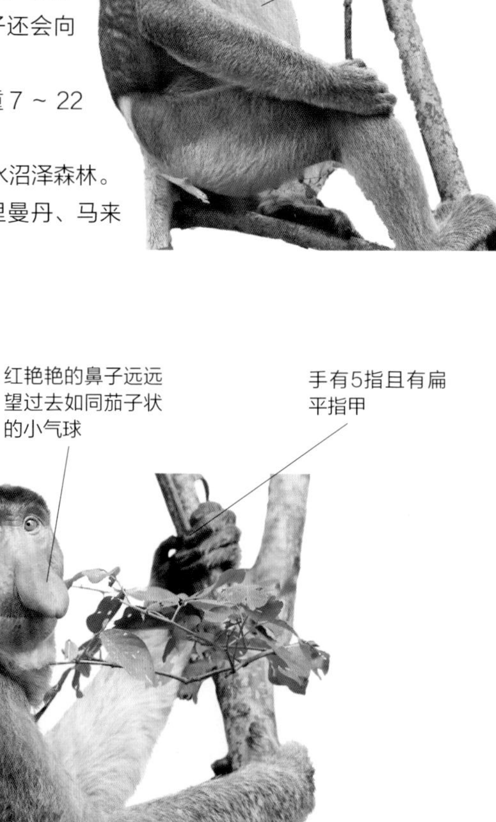
腹部较大

红艳艳的鼻子远远望过去如同茄子状的小气球
手有5指且有扁平指甲
头呈红色

社群单元：群居｜采食：主要以水果、种子、红树林的芽及嫩叶为食，有时也吃一些毛虫和幼虫

别名：青鼬、蜜狗、黄腰狸、黄腰狐狸、黄猺　科属：食肉目鼬科，貂属
孕期：9 ~ 10 个月

黄喉貂

黄喉貂身体细长，四肢短小粗壮，且前后肢各有 5 趾，爪子则呈尖利状。它经常在森林里活动，尤其擅长爬树，动作敏捷，因喜欢吃甜的东西，又被称为“蜜狗”。它喜欢白天出来活动，尤其晨昏时活动频繁。它的视觉也很敏锐，如果在林中遇到猎物，会展现出极为凶狠的一面。

大小：体长 45 ~ 65 厘米，尾长 37 ~ 65 厘米，体重 2 ~ 3 千克。

栖息环境：常绿阔叶叶林和针阔叶混交林区。

分布：孟加拉国、不丹、中国、印度尼西亚、印度、韩国、朝鲜、老挝、尼泊尔、马来西亚、缅甸、巴基斯坦、俄罗斯、泰国、越南。

头部比较尖细
四肢短小却强健有力，毛色呈暗棕色至黑色

耳部短而圆
身体柔软细长，大小如同狐狸

社群单元：群居 | 采食：主要以啮齿动物、鸟、鸟卵、昆虫及野果为食，爱吃蜂蜜

别名：香猫、九江狸、九节狸、灵狸、麝香猫　科属：食肉目灵猫科，灵猫属
孕期：70 ~ 74 天

大灵猫

大灵猫拥有灵敏的听觉和嗅觉，擅长攀缘和游泳，头部略微尖小，整体毛色呈棕灰色，且带有黑褐色斑纹和白色宽纹。它四肢较短，尾巴为黑白相间的环状，且末端为黑色。它喜欢夜间活动，采取伏击的方法捕食猎物，先慢慢爬过去，然后突然出击。如果遇到危险，它会释放难闻的气味保护自己。

◎ 大小：体长 60 ~ 80 厘米，尾长 40 ~ 51 厘米，体重 6 ~ 10 千克。

◎ 栖息环境：热带雨林、亚热带常绿阔叶林的林缘灌木丛、草丛中。

◎ 分布：中国、印度尼西亚、印度、孟加拉国、不丹、尼泊尔等国。

四肢略短
尾巴是身体的一半长，且是黑白相间的色环

整体毛色呈棕灰色，间有黑褐色斑纹
头略微尖，额部宽阔
腹部毛色呈浅灰色
吻部突出

社群单元：独居 | 采食：食性较杂，包括小型兽类、鸟类、两栖爬行类和植物的茎叶等

别名：懒猴、拟猴、风猴、风狸　　科属：灵长目懒猴科，蜂猴属
孕期：5 ~ 6 个月

蜂猴

蜂猴体型较小，全身密被短毛，颜色变化明显，眼眶呈暗褐色，而眼睛和耳朵之间的部位及面颊则呈明显的暗灰白色。它与其他很多哺乳动物不同的是能利用毒液捕食猎物。它会把腋窝处腺体产生的毒液先擦在手上，再涂抹在牙齿上。它还有一大特点就是动作异常缓慢，每走 1 步就要停顿两步，一整天都很少活动，故又称懒猴。

◎ 大小：体长 28 ~ 38 厘米，尾长 22 ~ 25 厘米，体重 0.7 ~ 1.5 千克。

◎ 栖息环境：热带雨林、季雨林和南亚热带季风常绿阔叶林。

◎ 分布：东南亚和南亚东北部。

耳廓呈半圆
且朝前

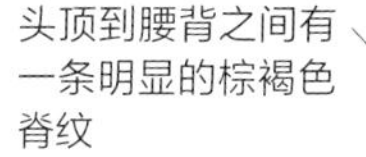
头顶到腰背之间有
一条明显的棕褐色
脊纹

眼眶至前额之间
有亮白色条纹
体毛短而密
前肢和后肢等长，
都是短而粗

社群单元：独居 | 采食：主要以热带鲜嫩的花叶和浆果为食，也捕食昆虫

第四章
高原和极地哺乳动物

高原和极地哺乳动物的主要特点：
第一，极地哺乳动物的毛皮具有防水、
保温功能，皮下脂肪可以隔热。
第二，许多极地动物的毛发
随季节的变化而变化，有利于伪装。
第三，高原哺乳动物一般
具有强壮的四肢，能在岩石或冰冻的斜坡上行走，
具有极强的爬坡能力。

别名：草豹、艾叶豹、荷叶豹　　科属：食肉目猫科，雪豹属
孕期：98 ~ 103 天

雪豹

雪豹是一种大型猫科动物，生活在高原的岩石峭壁上。由于它习惯在高山雪线附近活动，故而得名“雪豹”，又由于其动作敏捷、反应灵敏，擅于在雪山峭壁间跳跃奔走，因此，又被誉为“雪山之王”。它外表呈灰白色，上面分布有黑色斑点和黑色环状物，尾巴粗大。它通常昼伏夜出，尤其是在晨昏时活动频繁。它主要以岩羊为食，擅长伏击或偷袭。

◎ 大小：体长 110 ~ 130 厘米，尾长 90 ~ 100 厘米，体重 50 ~ 80 千克。

◎ 栖息环境：在永久冰雪高山裸岩及寒漠带环境中活动，常栖于海拔 2500 ~ 5000 米的高山上。

◎ 分布：原产于亚洲中部山区，现分布于中国、哈萨克斯坦、蒙古、阿富汗、印度、巴基斯坦、尼泊尔，中国的天山等高海拔山地是雪豹的主要分布地。

头部黑斑小而密

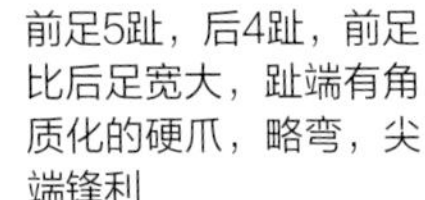
前足5趾，后4趾，前足比后足宽大，趾端有角质化的硬爪，略弯，尖端锋利

眼虹膜呈黄绿色，强光照射下，瞳孔为圆形
背部、体侧及四肢外缘形成不规则的黑环，越往体后黑环越大，背部及体侧黑环中有几个小黑点

社群单元：独居或成对居住　|　采食：以岩羊、北山羊、盘羊等高原动物为主食

别名：驼羊、美洲驼　科属：偶蹄目骆驼科，小羊驼属
孕期：约 11.5 个月

羊驼

羊驼生活在南美洲的安第斯山区，外表与绵羊相似。它敏感而温顺，胆子很小，警惕性极高，如它一定要等喂食者离开后才进食，就算是它的主人也不例外，当然，它有时也会发脾气。它聪明伶俐，听觉敏锐，可及早发现危险，然后决定逃跑方向。因此，在南美洲，羊驼是重要的交通工具。它生活在高原高山地区以及干旱的沙漠地区，自然环境恶劣，这也就使羊驼不仅耐粗饲，而且适应能力极强。

体形较大，身材修长，毛纤维长而卷曲，并且具有光泽，可以形成很大的卷

➲ 大小：体长 120 ~ 225 厘米，尾长 15 ~ 25 厘米，肩高 90 ~ 130 厘米，体重 55 ~ 65 千克。

➲ 栖息环境：海拔 4000 米的高原。

➲ 分布：原产地位于亚马孙河上游，海拔 3000 ~ 6500 米的安第斯山脉，主要分布于秘鲁、玻利维亚和厄瓜多尔等地。

头小，似骆驼
眼睛很大，非常清秀
四肢很细，脚的前端有弯曲而尖锐的蹄

耳朵大而尖，且竖立

脖颈细长，没有驼峰

社群单元：群居 | **采食：以高山棘刺植物为食**

别名：无　科属：偶蹄目牛科，牛属
孕期：约 260 天

牦牛

牦牛主要生活在我国的青藏高原，是高原地区的典型生物之一。它具有极强的适应力和忍耐力，耐寒、耐粗饲、耐劳，并且还能识图，可在险坡陡路上行走，也能渡过江河激流，因此，被誉为“高原之舟”。它性情凶猛，千万不要激怒它，否则它会集全身之力冲上来。它可以为藏族人民提供衣食住行所需的原料，如牦牛的肉、奶可供吃、喝以补充营养，牦牛粪可生火取暖等。它的毛、皮则可制作上好的毛线、皮革用品。此外，它不仅是高原上重要的交通工具，而且还是重要的耕作工具。

➲ 大小：体长约 250 厘米，肩高约 170 厘米。

➲ 栖息环境：海拔 4000 ~ 5000 米的高原草甸、灌丛、荒漠等地。

➲ 分布：中国四川、青海、西藏、新疆等省（区），主要产于青藏高原海拔 3000 米以上的地区。

四肢短而强健，蹄小而圆，蹄叉紧，蹄质坚实

耳较小
身体强健，皮松厚，躯体上方的被毛短而光滑，全身毛色以深黑褐色为主

社群单元：群居 | 采食：以针茅、苔草、莎草、蒿草等高寒植物为主

嘴方大，唇薄
体侧、腹面及尾部的毛长而下垂，常接近地面
眼大而圆
雌雄均有角，角黑色且粗壮，雄性角大，角形向外折向上、开张，角间距大
前肢短而端正，后肢呈刀状

别名：西藏獒、獒犬、番狗　　科属：食肉目犬科，犬属
孕期：58 ~ 64 天

藏獒

藏獒原本是我国青藏高原的特有物种，后来被许多国家和地区引进。它是体型较大的犬科动物，性格坚毅、勇猛，野性十足，极具威慑力。虽然它的攻击力和咬合力对大型食肉动物不构成威胁，但在犬科动物中却是数一数二的，有“犬中之王”的美誉。它喜欢侧卧休息，这样不仅可以及时观察周围的情况，还可以保护鼻子不被冻伤。它没有固定的睡眠时间，可以随时随地打盹，但一般集中在深夜两点和中午时分。

◎ 大小：雄性体高约 73.6 厘米，体长约 72.6 厘米；雌性体高约 62.5 厘米，体长约 71.6 厘米。

◎ 栖息环境：高寒低氧的环境。

◎ 分布：世界上许多国家和地区都有藏獒的足迹，但原始藏獒生活在青藏高原海拔 3000 米以上的高寒地带以及中亚的平原地区。

两耳较大且下垂，呈倒三角形，紧贴在面部靠前

体形高大，结构匀称，粗壮结实，略显粗糙，鬃毛丰厚，绒毛致密，披毛层次清晰
臀部宽短，稍倾斜

社群单元：群居 | 采食：除肉、骨等动物性食物外，也吃大量的植物性食物

颈部粗壮，长短协调，喉皮松弛，形成环状皱褶
头大额宽，顶骨略圆
前肢粗壮端直，直立时轻度朝内倾斜
尾大毛长
眼睛以楔形居多，杏仁眼大小适中，目睛黑黄

别名：北平原灰叶猴、长尾猴　　科属：灵长目猴科，灰叶猴属
孕期：168 ~ 196 天

长尾叶猴

长尾叶猴因尾长而得名。它喜欢在地面上生活，一天当中有 8 成的时间在地面上活动。它的觅食活动大多在早晨和黄昏进行，中午则进行较长时间的休息，傍晚回到树上睡觉。它善跳跃，纵身一跳可达 8 米以上。

大小：体长约 70 厘米，尾长约 100 厘米，体重约 20 千克。

栖息环境：海拔 2000 ~ 3000 米的高山地带的山地松林或杉林。

分布：在中国，分布于西藏的藏南地区，国外则分布于印度、巴基斯坦、斯里兰卡等国。

眉毛发达，向前长出，很长
体形纤细，体毛黄褐色
四肢很长

社群单元：群居 | 采食：主要以各种果子、树叶、枝芽、花朵等为食

别名：麝香牛、北极麝牛　　科属：偶蹄目牛科，麝牛属　　孕期：8 ~ 19 个月

麝牛

麝牛生活在北极的苔原地带，外形像牛。它生性勇敢，任何情况下都不会退却逃跑，一旦受到狼、熊等捕食者的袭击，麝牛群就会摆成防御阵形，把幼牛和母牛围在中间，成年公牛则站在前端外沿对抗捕食者。它锋利的牛角是进攻和自卫的武器，在与敌 人对峙时，往往抓住机会出其不意地发动进攻，进攻完成后，再迅速返回原地。

大小：体长 180 ~ 230 厘米，体重 200 ~ 410 千克。

栖息环境：气候寒冷的多岩荒芜地带。

分布：北美洲北部、格陵兰岛、俄罗斯、挪威等北极地区。

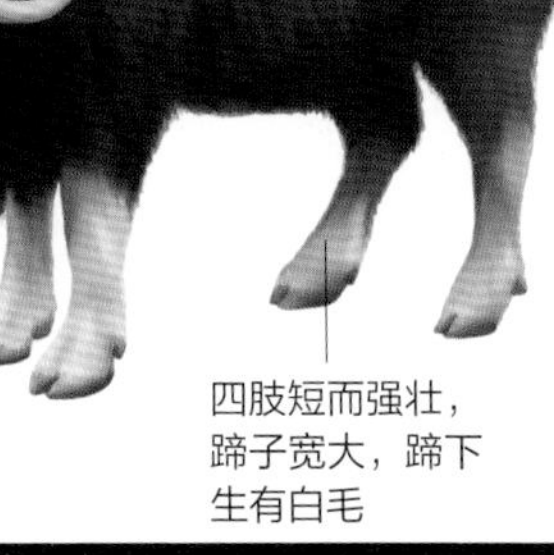
体形较大，躯体敦实，但低矮粗壮，体毛长，绒毛丰满，为暗黑棕色
四肢短而强壮，蹄子宽大，蹄下生有白毛

社群单元：群居 | 采食：主要吃草和灌木的枝条，冬季亦挖雪取食苔藓类

别名：黑唇鼠兔　科属：兔形目鼠兔科，鼠兔属
孕期：约 30 天

高原鼠兔

体形中等，身材浑圆，没有尾巴，体色呈灰褐色

高原鼠兔生活在我国青藏高原地区，体型较小，以植物为食，且没有冬眠的习性。它终生过着家族生活，多在草地上挖洞群来居住。它的活动范围距中心洞 20 米左右，没有贮存牧草越冬的习惯。它能发出 6 种代表不同含义的声音，如成年鼠兔在求偶交配时会发出“咦”声。

- 大小：体长 120 ~ 190 毫米，体重约 178 克。
- 栖息环境：海拔 3100 ~ 5100 米的高寒草甸、高寒草原地区。
- 分布：青藏高原及其毗邻的尼泊尔等地，在中国，分布于西藏、青海、甘肃、四川。

社群单元：群居 | 采食：以各种牧草为食，主要取食禾本科、莎草科及豆科植物

别名：岩貂、扫雪、榉貂　科属：食肉目鼬科，貂属　孕期：236 ~ 275 天

石貂

个体相对较小，体形较细长，棕褐色毛带有白色的大喉斑

石貂是一种中小型食肉动物，也是我国国家二级保护动物。它在行动时，由于其尾部扫地，故又名“扫雪貂”。它行动敏捷，善攀缘，但平地奔跑速度则比较慢，跑动中通常辅以纵跳。它拥有敏锐的听觉、视觉，如果听到响声，会先趴在地上，然后再向有声响的方向倾听和窥视。它是一种夜行性动物，通常白天在洞中睡觉，晚上外出活动。

- 大小：雄性体长 46 ~ 54 厘米，体重 1.5 ~ 2.3 千克；雌性体长 40 ~ 42 厘米，体重 1.1 ~ 1.3 千克。
- 栖息环境：森林、矮树丛、灌木林的边缘以及树篱和岩质丘陵，最高分布在海拔 4200 米。
- 分布：欧亚大陆。

社群单元：独居 | 采食：主要以各种野鼠、野兔、松鼠等小型啮齿类动物为食

别名：红熊猫、红猫熊、九节狼　　科属：食肉目小熊猫科，小熊猫属
孕期：117 ~ 122 天

小熊猫

小熊猫性情温顺，听觉、视觉以及嗅觉都不是特别灵敏。它善攀缘，常在高树上休息或躲避敌害，但在陆地的行走速度较慢，走路姿态像熊。它白天的大多数时间在树洞、石洞或岩石缝中睡觉，只是阳光充足时，喜欢在向阳的山崖或树顶晒太阳，晚上则出来活动、觅食。近年来，由于生态环境的破坏和非法捕猎的存在等，小熊猫的数量日益锐减，急需保护。

- 大小：体长 40 ~ 63 厘米，体重约 5 千克。
- 栖息环境：海拔 3000 米以下的针阔叶混交林或常绿阔叶林中有竹丛的地方。
- 分布：不丹、中国、印度、缅甸、尼泊尔，在中国，主要分布在西藏（喜马拉雅山南坡）、云南、四川等。

吻部较短，嘴周有白斑，胡须为白色

圆脸，头骨高而圆，皮肤表面颗粒状，脸颊有白色斑纹，前额为棕黄色或淡黄棕色
外形像猫，但比猫的躯体肥壮，身上被有粗的长毛，全身红褐色

社群单元：独居 | 采食：喜食箭竹的竹笋、嫩枝和竹叶以及各种野果、树叶、苔藓等

尾长，粗而蓬松，
尾长为体长的一半
以上，并有12条红
暗相间的环纹，尾
尖深褐色
眼睛前向，瞳孔
为圆形，眼圈为
黑褐色
四肢粗短，呈黑褐色，
后肢略长于前肢，前后
肢均有5趾
耳大且直立，向前伸，
耳郭尖，耳内有毛，耳
基部外侧生有长的簇毛
鼻端裸露，鼻吻
部较短，鼻骨明
显向前倾斜，为
黑褐色，鼻上部
有白斑

别名：无　　科属：偶蹄目骆驼科，羊驼属
孕期：345 ~ 360 天

原驼

原驼主要生活在南美洲，性情温顺，以食草为生。它是一种优雅的动物，有修长的脖子和细长的腿。为了适应高原气候环境，原驼进化出了特有的身体结构，如它的血液可以比平原上的哺乳动物携带更多氧气，以满足它的氧气需求。它还会在大雪覆盖或极度干旱时，为了缓解食物短缺的困境，从高原地区转移到低海拔地区。

- 大小：体长 120 ~ 225 厘米，肩高 110 ~ 115 厘米，尾长 15 ~ 25 厘米，体重 100 ~ 120 千克。
- 栖息环境：生活在高原上，包括荒漠草原、稀树草原、灌丛以及森林周边，但从不到树林中去，也避免去多岩地区。
- 分布：美洲大陆的中西部沿线，包括秘鲁、智利南部、玻利维亚、阿根廷、巴拉圭等，其中大部分生活在秘鲁和玻利维亚交界的安第斯山脉地区。

身披茸毛
修长的脖
长而细的双腿

耳朵为白色
腿部的内侧边缘
为白色

社群单元：群居 | 采食：主要吃草、灌木、地衣、仙人掌及肉质植物

头部为白色灰黑色
背部浅驼色
或褐色
嘴唇周围为白色
脚下有宽大的
底垫，只有接
触岩石时才能
听到蹄声

别名：安第斯熊　　科属：食肉目熊科，眼镜熊属
孕期：6 ~ 8 个月

眼镜熊

眼镜熊是南美洲的特有物种，与大熊猫的血缘关系密切。它具有独特的体貌特征，口鼻部分颜色较浅，眼睛周围有一圈粗细不一的奶白色纹，将眼睛上的黑斑隔开，像戴了一副墨镜，它的名字也由此而来。它善攀爬，喜欢在树上活动，甚至把巢穴建在树上。它没有冬眠的习性，因为在它生存的地方，食物来源丰富，可以随时满足它的生存需要。

➲ 大小：身长 110 ~ 210 厘米，肩高 60 ~ 110 厘米，尾长约 7 厘米，雄性体重 85 ~ 185 千克，雌性体重 65 ~ 125 千克。

➲ 栖息环境：栖息地生态环境多样，包括海拔 1900 ~ 2350 米潮湿的高山密林、树木稀疏的草原或沿海的低矮灌丛等。

➲ 分布：仅分布于南美洲，包括中西部的委内瑞拉、哥伦比亚、厄瓜多尔、秘鲁、玻利维亚、阿根廷西南部以及巴拿马南部。

脸部为白色
前胸部为白色

毛发中等长度，全身的毛色为黑、红棕或深棕色，且十分厚密粗糙
眼睛周围有一对像眼镜一样的圈

社群单元：群居 | 采食：喜爱果类食物，尤其是凤梨科植物

别名：天竺鼠、葵鼠　**科属：**啮齿目豚鼠科，豚鼠属
孕期：62 ~ 72 天

豚鼠

豚鼠原本产自南美洲的安第斯山脉，以草为食，因肥硕似猪而得名。它体质较好，不易生病，没有什么饮食禁忌。它生性敏感，温顺而胆小，适宜在干燥清洁的环境中生存。它拥有敏锐的嗅觉、听觉，对周围声音、气味、气温等变化反应强烈，如果受到惊吓，还会发出吱吱的尖叫声。它虽然体格强健，但如果空气混浊或天气寒冷则易患肺炎，甚至还可能会引起繁殖期母鼠的流产。

- 大小：体长 20 ~ 30 厘米，体重 1 ~ 1.5 千克。
- 栖息环境：岩石坡、草地、林缘和沼泽。
- 分布：各大洲均有分布，其中主要分布在秘鲁、巴西、巴拉圭、哥伦比亚等地。

耳圆
四肢较短，前肢有4趾，后肢有3趾，有尖锐的短爪，不喜于攀登和跳跃

眼睛大而圆，明亮
体形短粗而圆，体毛皆短，有光泽，有黑色、白色、灰色等
头较大

社群单元：群居 | **采食：主要吃植物的绿色部分，以杂草为主食，也喜欢吃青草、菜叶**

别名：无　科属：偶蹄目骆驼科，骆马属
孕期：330 ~ 350 天

骆马

骆马因体型像马、脖子和胸像骆驼而得名。它是南美洲安第斯山区半干旱草原的特有动物，被印第安人驯化后，可作高山上的驮运工具。它像骆驼一样耐饥、耐渴、耐劳，可在崎岖的山路上连续行走 5 天。它的警觉性极高，一旦发现异常，先是高声嘶鸣，提醒群体中的其他成员，促使群体全体成员能够迅速逃跑。

大小：体长 125 ~ 190 厘米，肩高 70 ~ 110 厘米，尾长 15 ~ 25 厘米，重量 35 ~ 45 千克。

栖息环境：4000 ~ 5000 米的安第斯山区和南美洲南部的草原、半荒漠地区。

分布：阿根廷、玻利维亚、智利、秘鲁和厄瓜多尔。

毛长而细软，颜色有纯白、黑色、黄褐色等
三角眼
脖子长，橙色
耳朵大
头部大，楔形，头部的皮毛从黄色到红褐色
背面浅棕色
腹部和侧面是白色
腿长

社群单元：群居 | 采食：以食草为主，一般干草和农作物的秸秆是最好的食物

别名：崖羊、半羊、石羊　　科属：偶蹄目牛科，岩羊属
孕期：5 ~ 6 个月

岩羊

岩羊是青藏高原的特有物种，体形中等，外形与山羊、绵羊相像。虽然雌、雄两性都有角，但雄性的角像牛角一样粗大，只向后上方微微弯曲。它身体的颜色与裸露岩石的颜色相似，可融为一体，起到保护的作用。它的跳跃能力极强，纵身一跳可达 2 ~ 3 米，是其他动物所不能比的，只需一脚之棱，便可登上悬崖峭壁。即使是从 10 多米高的悬崖跳下，也不会摔伤，如果受惊，能迅速登上险峻陡峭的山崖。

◎ 大小：体长 120 ~ 140 厘米，尾长 13 ~ 20 厘米，肩高 70 ~ 90 厘米，体重 60 ~ 75 千克。

◎ 栖息环境：海拔 2100 ~ 6300 米之间的高山裸岩地带。

◎ 分布：中国的西部地区以及中国的西部邻国，包括中国青藏高原、四川西部、云南北部、内蒙古西部、甘肃、宁夏北部、新疆南部、陕西等地，以及毗邻的尼泊尔等。

全身为青灰色，冬季体毛比夏季长，并且颜色也比较淡

臀部和尾巴底部为白色
耳朵短小
头部长而狭

社群单元：群居 | 采食：主要以蒿草、苔草、针茅等高山荒漠植物为食，冬季啃食枯草

别名：角鹿　　科属：偶蹄目鹿科，驯鹿属
孕期：225 ~ 240 天

驯鹿

驯鹿是生活在北极地区的偶蹄目动物，它的显著特点之一是雄、雌两性都长有角。它们的奔跑速度极快，幼仔在出生 2 ~ 3 天后就可以行走自如，在出生一个星期后，时速就可达每小时 48 千米。它们每年进行一次大迁移，春天，离开亚北极地区，由雌鹿打头，雄鹿随后，沿着固定路线向北迁移，沿途脱掉“冬装”，换上“夏衣”，而脱落的绒毛又成为来年新的路标。

- 大小：体长 100 ~ 125 厘米，肩高 100 ~ 120 厘米，体重约 250 千克。
- 栖息环境：寒温带针叶林。
- 分布：北半球的环北极地区，包括欧亚大陆、北美北部及一些大型岛屿。

角向前弯曲，长角分枝繁复，有时超过30叉
主蹄大而阔，中央裂线很深，悬蹄大，掌面宽阔

体形中等
尾短
眼较大，眼眶突出
嘴粗，唇发达

社群单元：群居 | 采食：主要以石蕊为食，也吃问荆、蘑菇及木本植物的嫩枝叶

颈粗短，下垂明显
鼻孔大
肩稍隆起
头长而直
耳较短，额头内凹
背腰平直

别名：狮子鼻猴、仰鼻猴　　科属：灵长目猴科，仰鼻猴属
孕期：约 6 个月

川金丝猴

川金丝猴是中国的特有物种，数量稀少，为我国国家一级保护动物。它们是典型的树栖动物，栖息在高山密林中。由于它们的栖息地海拔很高，为了御寒，它们身上长有很长的毛发。它们过着群居生活，每个大群通常以家族性的小群为活动单位，大群的成员数量众多，甚至可达几百只，在灵长类动物中比较罕见。它们的小群由家庭组成，家庭成员共同觅食、玩耍、休息，并共同照顾家庭中病弱者。

- 大小：身长 57 ~ 76 厘米，尾长 51 ~ 72 厘米，雄性体重 15 ~ 39 千克，雌性体重 6.5 ~ 10 千克。
- 栖息环境：海拔 1500 ~ 3300 米的森林。
- 分布：四川、甘肃、陕西和湖北。

尾与身体等长或更长
毛质柔软

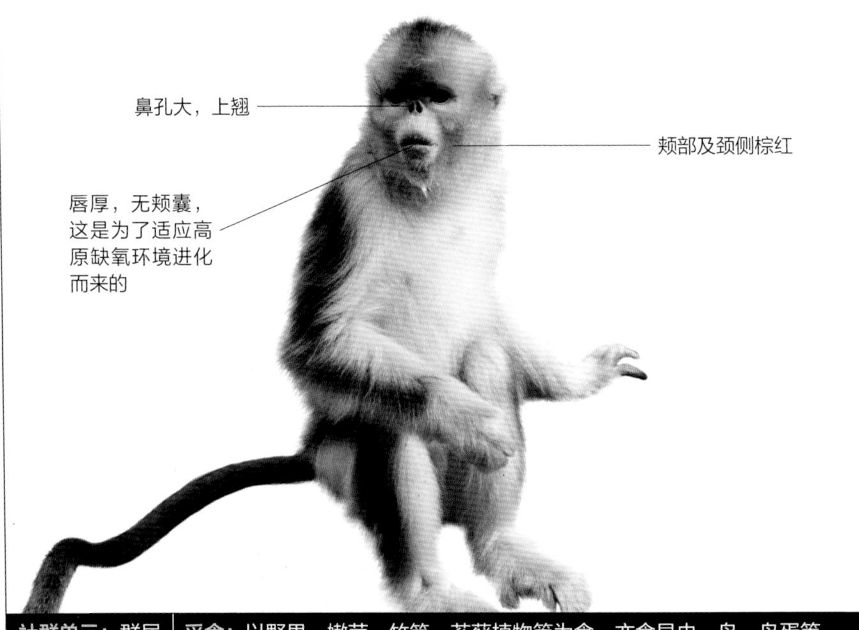
鼻孔大，上翘
颊部及颈侧棕红
唇厚，无颊囊，这是为了适应高原缺氧环境进化而来的

社群单元：群居 | 采食：以野果、嫩芽、竹笋、苔藓植物等为食，亦食昆虫、鸟、鸟蛋等

别名：白狼　　科属：食肉目犬科，犬属
孕期：约 90 天

北极狼

北极狼是体型较大的犬科哺乳动物。它们的奔跑速度较快，追逐猎物时可高达每小时 65 千米，冲刺时一步便可达 5 米，此外，它们的耐力也很好，能以每小时 10 千米的速度走十几千米。它们通常集体捕食猎物，由一匹优势雄狼指挥捕猎。它们一般选择弱小或年老的猎物为目标，然后从不同方向慢慢接近、包抄，等时机成熟，便迅速扑倒猎物。

➲ 大小：肩高 64 ~ 80 厘米，身长 89 ~ 189 厘米，体重 35 ~ 45 千克。

➲ 栖息环境：北极地区的苔原、丘陵、冰谷、冰原、浅水湖泊的湖岸等。

➲ 分布：北极地区，包括欧亚大陆北部、加拿大北部和格陵兰北部。

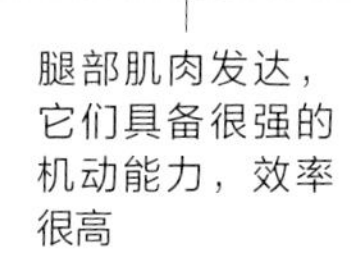
背部强健有力
腿部肌肉发达，它们具备很强的机动能力，效率很高
北极狼有一层厚厚的毛，毛色为白色
牙齿非常尖利，有助于捕杀猎物

社群单元：群居 | 采食：以驼鹿、鱼类、旅鼠、海象、兔子以及其他动物为食

别名：南美洲栗鼠、美洲栗鼠　　科属：啮齿目毛丝鼠科
孕期：约 111 天

野生龙猫

野生龙猫生活在南美洲的安第斯山脉，皮毛柔软漂亮，也正因为如此，它们遭到人类的大量捕杀，现在已被列入智利的濒危物种名单。它性情温顺，从不会攻击人，如果遇到危险，会发出哀叫声报警。它胆小怕惊，喜欢昼伏夜出，且行动敏捷，擅于跳跃。它没有汗腺，因此，不能在高温下生存，适宜温度为 5 ~ 27℃，喜欢干燥、阴凉、清洁的环境。如果温度在 0℃以下或 27℃以上，不利于它的生长发育。

➲ 大小：雄性体长 24 ~ 26 厘米，体重 400 ~ 500 克；雌鼠体形较雄鼠大，体长 26 ~ 32 厘米，体重 400 ~ 600 克。

➲ 栖息环境：海拔 900 ~ 4500 米干燥的高山岩石地带，一般栖息于洞穴、岩缝、岩洞及灌木中。

➲ 分布：南美洲的秘鲁、玻利维亚、智利和阿根廷等国的安第斯山脉地区。

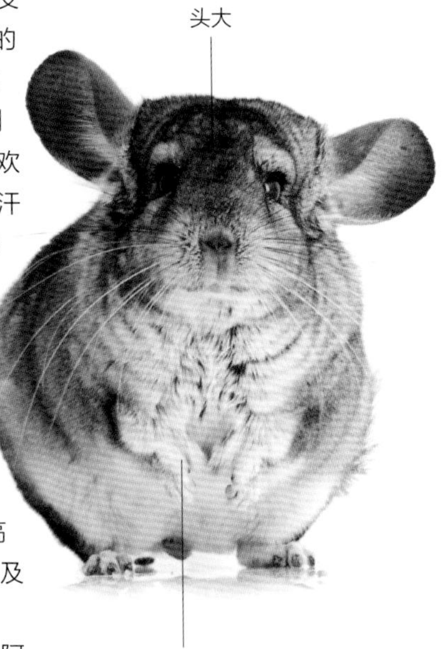
头大
体形小而肥胖，
前半身似兔子，
后半身像松鼠

背及体侧呈蓝灰色，
腹部毛渐浅至灰白
色，腹中部有分界明
显的白色带
全身覆盖均匀的
绒毛，其状如丝
一样致密柔软

社群单元：群居 | 采食：以干草、草本植物种子、树皮和树根等为食

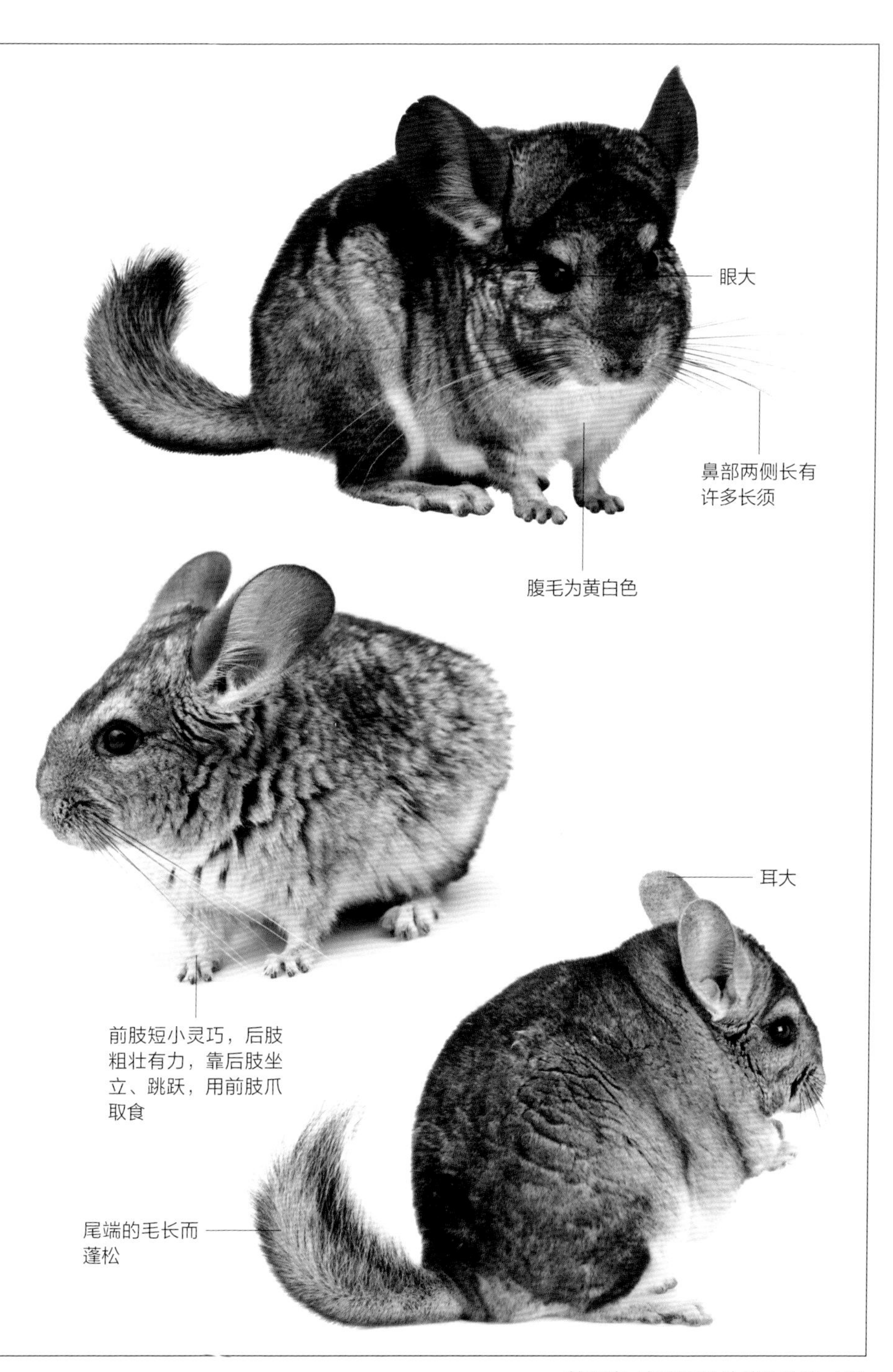
眼大
鼻部两侧长有
许多长须
腹毛为黄白色
耳大
前肢短小灵巧，后肢
粗壮有力，靠后肢坐
立、跳跃，用前肢爪
取食
尾端的毛长而
蓬松

别名：黑金丝猴、黑仰鼻猴、雪猴　　科属：灵长目猴科，仰鼻猴属
孕期：约 7 个月

滇金丝猴

滇金丝猴主要生活在中国的云南、西藏地区，栖息地海拔较高，是中国继大熊猫之后的第二国宝，为我国国家一级重点保护野生动物。一个群体中的成年雄、雌比例约为 3 ：1，雌性大约 3 年才繁殖 1 次，幼仔多在 7 ~ 8 月份出生，这也是造成它数量稀少的原因之一。

◎ 大小：体长 51 ~ 83 厘米，尾长 52 ~ 75 厘米，雄性体重 15 ~ 17 千克，雌性体重 9 ~ 12 千克。

◎ 栖息环境：海拔 2500 ~ 5000 米的高山针叶林。

◎ 分布：中国的川滇藏 3 省区交界处，喜马拉雅山南缘横断山系的云岭山脉当中，以及澜沧江和金沙江之间的狭小地域。

头顶长有尖形
黑色冠毛
皮毛以灰黑、
白色为主

社群单元：群居　|　**采食：主食松萝针叶树的嫩叶和越冬的花苞及叶芽苞，也食植物嫩芽及幼叶**

别名：盘角羊、大角羊、大头羊　　科属：偶蹄目牛科，盘羊属　　孕期：150 ~ 160 天

盘羊

盘羊生活在山地地区，虽然它们可以在悬崖峭壁上奔跑跳跃，但爬山技巧较差，因此，它们在逃跑时一般不会逃向过于陡峭的山坡。它们会进行季节性的垂直迁徙，夏季，通常在雪线下缘活动，冬季，当天气寒冷、积雪深厚时，再从雪线下缘迁至低山谷地。它们拥有极其敏锐的视觉、听觉和嗅觉，又生性机警，只要周围稍有动静，便会迅速逃跑。

◎ 大小：体长 1.2 ~ 2 米，肩高 0.9 ~ 1.2 米，体重 65 ~ 185 千克。

◎ 栖息环境：海拔 1500 米至 5500 米的高山裸岩带及起伏的山间丘陵。

◎ 分布：亚洲中部的广阔地区，包括中国、俄罗斯、哈萨克斯坦、乌兹别克斯坦和蒙古。

通体被毛粗而短，
毛的颜色从淡棕色
至白灰色不等
四肢粗短，蹄的
前面特别陡直

社群单元：群居　|　**采食：主要吃草和灌木的枝条，冬季亦挖雪取食苔藓类**

别名：家羊驼　科属：偶蹄目骆驼科，羊驼属
孕期：约 11.5 个月

大羊驼

耳朵较长，且微
微向前弯
尾巴很短，
毛长而柔软

大羊驼生活在南美洲，体重较重，体型较大，修长的四肢、凸起弯曲的耳朵是它的主要特征，并且它非常聪明，新事物只要尝试几次后，便可以学会。在中、南美洲地区，它是重要的驮运工具之一，主要用来背负重物，也是纤维及食物的来源之一，可满足人们的衣食需要。

➲ 大小：身高 1.6 ~ 1.8 米，体重 127 ~ 204 千克。

➲ 栖息环境：适应较为寒冷的高原气候，多数分布在安第斯山脉。

➲ 分布：南美洲。

社群单元：群居 | **采食：以青草、干草为主，偶尔也食饲料**

别名：黑足鼬、黑脚貂　科属：食肉目鼬科，鼬属　孕期：35 ~ 45 天

黑足雪貂

黑足雪貂原产于北美洲，属夜行性动物，通常白天不出门，只有晚上才出来觅食。它有穴居的生活习性，但自己却不会挖洞，一般居住在草原犬鼠遗弃的洞穴中。它生性懒惰，不喜外出活动，甚至 5 ~ 6 天不出来活动觅食，同时又具有一定的领域意识，常会常为了领土而发生争斗。

➲ 大小：体长约 0.5 米，尾长约 0.15 米，体重约 1 千克。

➲ 栖息环境：高山草甸地带。

➲ 分布：加拿大南部以及落基山脉向东到美国的俄克拉荷马、堪萨斯州和内布拉斯加的广大地区。

头形扁平，
呈三角形

毛色通常呈
浅黄色

腿脚短小

社群单元：独居 | **采食：主要以老鼠和地松鼠为食，其中草原犬鼠是黑足雪貂的最爱**

别名：山兔、蓝兔　**科属**：兔形目兔科，兔属
孕期：约 30 天

北极兔

北极兔是生活在北极地区的兔子。北极北部和南部的北极兔有所不同，北部的北极兔浑身雪白，南部的北极兔只有在冬天才会通体雪白，其他季节则只有尾巴为白色，其余部分为灰褐色。它为了适应北极寒冷的环境，减少身体热量散失，全身密被蓬松的绒毛。它行的动速度很快，每小时可达 64 千米，如果遇到危险，它会站起来，并像袋鼠一样用后脚快速跳跃逃跑。

- 大小：体长 55 ~ 71 厘米，体重 4 ~ 5.5 千克。
- 栖息环境：寒冷的北极地区。
- 分布：北美洲的加拿大北部和格陵兰的冰原。

耳朵较小

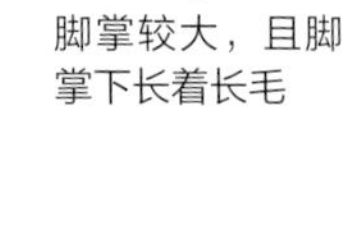
脚掌较大，且脚
掌下长着长毛

四肢非常灵活
且有力
后肢比较小

体形比家兔要大，身体肥胖，且毛量丰富，拥有两层被毛，下层的毛短而茂密

社群单元：群居　采食：以苔藓、植物、树根等食物为食，但偶尔也会吃肉

别名：蓝狐、白狐　　**科属：**食肉目犬科，北极狐属
孕期：51 ~ 52 天

北极狐

北极狐是北极地区特有的物种之一，浑身雪白，与周围的冰雪世界融为一体，柔软的被毛长而厚，可在零下 50℃的北极起到御寒的作用。它通常把巢穴筑在丘陵地带，一般它的巢穴都有几个出口，并且为了使洞穴能长期居住，每年都要对其进行维修和扩展。此外，它还有储存食物的习性，一般在夏季会把部分食物存入洞穴中，等到冬季食物匮乏时食用。

➲ 大小：体长 46 ~ 68 厘米，尾长 28 ~ 31 厘米，肩高 25 ~ 30 厘米，体重 1.4 ~ 9 千克。

➲ 栖息环境：北极地区。

➲ 分布：整个北极范围，包括俄罗斯、加拿大以及阿拉斯加、格陵兰和斯瓦尔巴群岛的外缘，还包括亚北极和高山地区，如冰岛和斯堪的纳维亚半岛。

耳短而圆

脚底部密生长毛，适于在冰雪地上行走

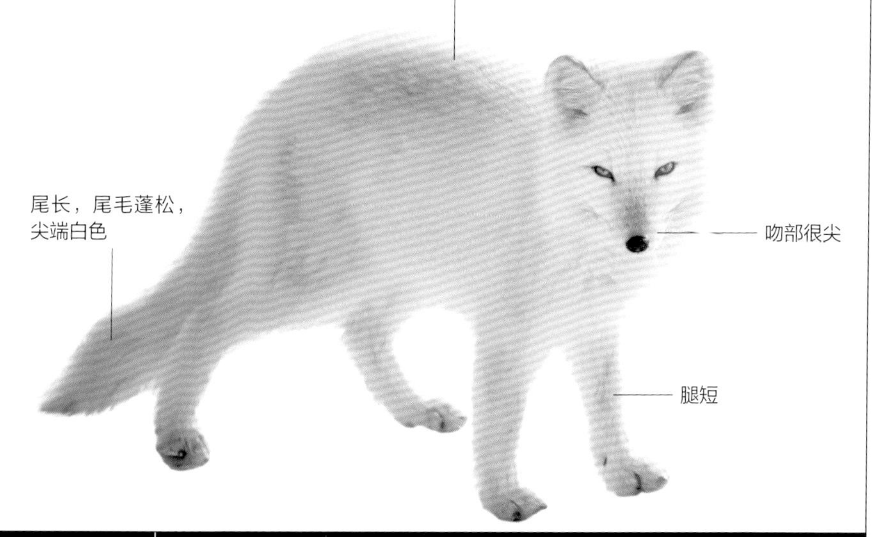
体形较小而肥胖，雄性比雌性大
尾长，尾毛蓬松，尖端白色
吻部很尖
腿短

社群单元：群居　|　**采食：**以旅鼠、鱼、鸟类、鸟蛋、浆果、北极兔、贝类等为食

别名：白熊　　科属：食肉目熊科，熊属
孕期：195 ~ 265 天

北极熊

北极熊生活在北极，体型庞大，以肉食为主。它看起来憨态可掬，但却性情凶猛。近年来，随着全球气温的升高，北极浮冰大量融化，北极熊赖以生存的环境遭到了破坏，对它的生存构成了极大威胁。它通常采取两种捕猎模式，一种是“守株待兔”，先在冰上耐心守候，一旦猎物靠近，突然发起攻击；另外一种是直接潜入水下，主动向靠近岸边的猎物发动攻击。

- 大小：直立身高约 2.8 米，肩高 1.6 米，雄性体重 300 ~ 800 千克，雌性体重 150 ~ 300 千克。
- 栖息环境：北冰洋附近有浮冰的海域。
- 分布：北冰洋附近。

头部相对棕熊来说较长，脸小

耳小而圆
颈细长
皮肤黑色，但由于毛发透明，故外观上通常为白色，也有黄色等颜色，体形巨大
足宽大，肢掌多毛

社群单元：群居 | **采食：主要捕食海豹，特别是环斑海豹**

别名：藏马熊、哈熊　　科属：食肉目熊科，棕熊属
孕期：188 ~ 266 天

灰熊

灰熊是大型食肉动物，尽管体积庞大，但行动却非常敏捷，能保持每小时 50 千米的速度高速奔驰。它们的嗅觉极其敏锐，但视觉和听觉却很普通。它们有一定的领域意识，一般会在树干上留下痕迹，来宣示地盘，警告其他群体保持距离。灰熊曾广泛地分布在北美洲的山地和平原上，是美国的典型生物之一，但在一段时间内，由于大量捕杀，灰熊的数量急剧下降，近些年，通过一些保护措施，数量有所恢复。

- 大小：体长 180 ~ 200 厘米，体重 200 ~ 700 千克。
- 栖息环境：山中的森林、苔原以及海岸沿线。
- 分布：北美洲。

爪子相当长，可达15厘米

肩部具有强而有力的肌肉，呈隆起状

外形与黑熊相似，但更肥胖，体形较重，且毛色有许多种，多为棕褐色或棕黄色

脚掌裸露，有厚实的足垫，但前足腕垫不如黑熊的宽大，与掌垫分开

社群单元：独居 | **采食：以植物、昆虫、鱼、动物尸体、有蹄动物等为食**

第五章
水生哺乳动物

水生哺乳动物的主要特点：
第一，它们拥有流线型的身体，
用尾鳍推动身体前进，用鳍状肢掌握方向。
第二，它们体形巨大，拥有厚实的毛皮，
可以减少热量散失。
第三，它们通常把氧气储存在一种叫
肌红蛋白的特殊蛋白中，
在潜水的过程中逐渐释放氧气。

别名：西印度僧海豹　　科属：食肉目海豹科，僧海豹属
孕期：约 8 个月

僧海豹

僧海豹是唯一一种生活在热带的海豹，数量稀少。它有圆圆的头部、浓密的短毛，形如僧头而得名。它适合在水中生活，如后肢不能向前弯曲，体表平滑光洁，呈流线型，非常适合在快速游泳和潜水，而到了陆地，它的四肢只能起支撑作用，在陆地上缓慢地爬行，动作十分笨拙。

- 大小：体长 2.6 ~ 2.8 米，体重约 400 千克。
- 栖息环境：水温较高的温暖海洋。
- 分布：黑海、亚得里亚海、地中海、大西洋和加勒比海。

身上没有普通海豹那样的斑点，呈棕灰色或灰褐色，背部中线的颜色很深
前肢的爪发达，后肢的爪退化，外侧的趾最长

额部高而圆突
腹面颜色浅淡
吻部短宽

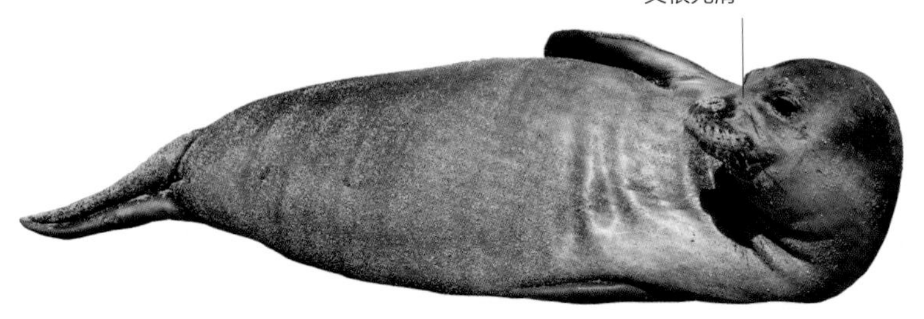
脸上长着又黑又密的触须，直而软，又很光滑

社群单元：群居 | **采食：以各种鱼类、甲壳类、头足类等为食**

别名：海豹、海狗、腽肭兽　　科属：食肉目海豹科，海豹属
孕期：约 10 个月

斑海豹

斑海豹生活在温带、寒温带的海洋中，为我国国家一级保护动物，全球斑海豹的 8 个繁殖区之一就有我国的辽东湾海域。它主要依靠后肢以及身体后部，以每小时 27 千米的速度游动，而在陆地上，则只能依靠前肢以及身体上部匍匐爬行。因此，它的陆地活动范围不大。一旦上岸，它的警惕性就会变得很高，即使睡觉时，也常醒来观察四周的动静，如果发现危险，它会迅速从岸边滚入水中。

- 大小：体长 1.2 ~ 2 米，体重约 100 千克。
- 栖息环境：寒带和亚寒带海域。
- 分布：北半球的西北太平洋，主要分布在楚科奇海、白令海、鄂霍次克海、日本海和中国的渤海、黄海北部。

背部灰黑色并布有不规则的棕灰色或棕黑色的斑点
腹面乳白色，斑点稀少

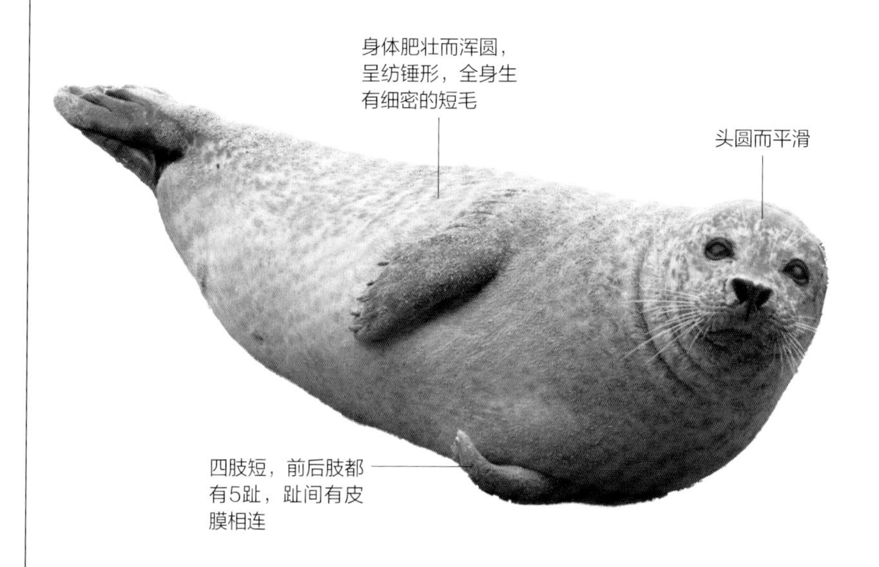
身体肥壮而浑圆，呈纺锤形，全身生有细密的短毛
头圆而平滑
四肢短，前后肢都有5趾，趾间有皮膜相连

社群单元：群居　采食：以鱼类和头足类为食

别名：无　　**科属：**食肉目海豹科
孕期：9 个月

海豹

海豹广泛分布在世界各地的海洋中。它在游泳时大都靠后足，但后足不能向前弯曲，且足跟也已经退化，因此，它在陆地上行走困难，总是依靠身体的上半部分拖着笨重的后肢，向前扭曲爬行，然后在身后留下一行扭曲的痕迹。它一般独自在冰上产仔，然后组成家庭共同抚育幼仔，等过了哺乳期，幼仔能独立在水中生活，家庭群就宣告结束。

- **大小：**体长 1.5 ~ 3 米，体重 90 ~ 400 千克。
- **栖息环境：**寒温带海洋。
- **分布：**遍布整个海域，南极沿岸数量最多，其次是北冰洋、北大西洋、北太平洋等。

背部蓝灰色

上唇触须长而粗硬，呈念珠状

头近圆形，貌似家犬
眼大而圆
腹部乳黄色，带有蓝黑色斑点

社群单元：群居 | **采食：**以鱼类为主要食物，有时也食甲壳类及头足类

身体粗圆，呈纺锤形，
全身被短毛，毛色随年
龄而变化，一般幼兽色
深、成兽色浅
四肢均有5趾，趾间
有蹼，形成鳍状肢，
前肢短于后肢，具有
锋利的爪，覆有毛的
鳍足皆有趾甲
尾短小而扁平
耳朵变得极小或退
化成两个洞，无外
耳郭，有耳壳，游
泳时可自由开闭
吻部短而宽

别名：海虎　　科属：食肉目鼬科，海獭属
孕期：约 15 个月

海獭

海獭是最小的海洋哺乳动物，也是最适应海洋生活的食肉目动物。它很少到陆地上活动，几乎所有时间都在水中，但也从不远离海岸，连生育也不例外。它善潜水，能潜到水下 3 ~ 10 米处活动，甚至还能潜到水下 50 米处觅食。它在陆地上行动缓慢、动作笨拙，全凭灵敏的听觉和嗅觉察觉危险，尤其是嗅觉极其灵敏，能嗅到 8 千米以外的味道，这有利于及早发现并躲避敌害。

小小的脑袋

- 大小：雄性体长约 147 厘米，体重 45 千克；雌性体长约 139 厘米，体重约 33 千克。
- 栖息环境：常见于多岩石的海边。
- 分布：北太平洋的寒冷海域，由日本北部至堪察加半岛沿岸，往东经阿留申群岛与阿拉斯加湾南岸，沿北美太平洋海岸至下加利福尼亚。

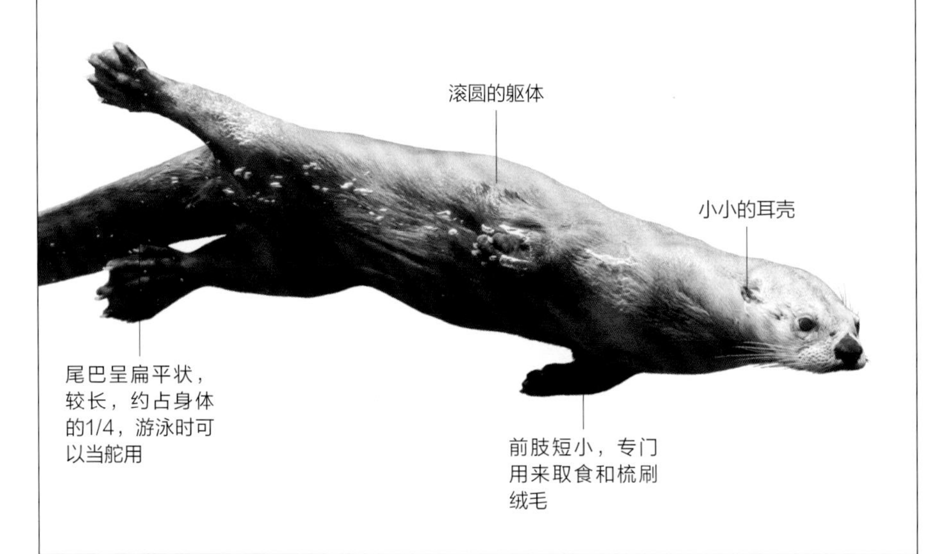
滚圆的躯体
小小的耳壳
尾巴呈扁平状，较长，约占身体的1/4，游泳时可以当舵用
前肢短小，专门用来取食和梳刷绒毛

社群单元：群居　|　采食：以贝类、鲍鱼、海胆、螃蟹等为食，有时也吃一些海藻和鱼类

别名：皮毛海狮、毛皮海豹　科属：食肉目海狮科，南海狗属、北海狗属
孕期：约 12 个月

海狗

海狗因外形似狗而得名。它善游泳，幼仔生后，便能以每小时 24 千米的速度游 5 分钟。它每年洄游的时间约为 8 个月，冬、春季，北太平洋的海狗向南方洄游觅食，夏季，又从各地洄游到北太平洋繁殖。它为了避开鲨鱼、鲸、北极熊等天敌，一般在傍晚捕食，因为这时天敌很少出现，同时光线昏暗，不易被发觉。

大小：体长 150 ~ 210 厘米，体重 21 ~ 26 千克。

栖息环境：多集于岩礁和冰雪上。

分布：遍布世界各地，除了生活在白令海中的北海狗外，澳大利亚、新西兰、塔斯马尼亚、南非及南极洲等地的水域中也都有海狗的踪影。

体形呈纺锤形，体被刚毛和短而致密的绒毛，较浓密、光滑
腹部色浅，乳黄色

吻部短，旁有长须
眼睛大而圆
背部呈棕灰色或黑棕色，带有许多棕黑色或灰黑色的斑点
尾甚短小

社群单元：群居 | 采食：以头足类的软体动物、鳕鱼、鳟鱼、贝类以及各种海鞘等为食

别名：獭、獭猫、鱼猫、水狗　　科属：食肉目鼬科，水獭属
孕期：55 ~ 57 天

水獭

水獭是半水栖的哺乳动物。它通常居住在洞穴中，习惯把洞穴建在靠近水源的树根、芦苇以及灌木丛等低洼处，为了便于捕食和逃生，洞穴往往有好几个出入口。它喜欢用伏击的方法捕捉鱼类，尤其在冬季，常躲在冰面下偷袭水面觅食的水鸟。

- 大小：体长 55 ~ 82 厘米，尾长 30 ~ 55 厘米，体重 5 ~ 14 千克。
- 栖息环境：湖泊、河湾、沼泽等淡水区，常位于水岸石缝底下或水边灌木丛中。
- 分布：欧亚大陆及其邻近的岛屿均有分布，中国各地都有栖息。

眼小，略突出
胸腹颜色淡棕色

鼻子小而呈圆形，裸露的小鼻垫上缘呈“w”形，鼻镜上缘正中凹陷
喉部、颈下灰白色，毛色会随着季节变化，夏季稍带红棕色

社群单元：独居	采食：主要以鱼类为食，也捕捉小鸟、虾、蟹等，有时还吃植物性食物

尾长而扁平，基部
粗，至尾端渐渐变
细，长度几乎超过
体长的一半
头部宽而略扁
耳短小，呈圆形
吻部短，不突出
四肢粗短，趾爪长
而稍锐利，伸出趾
端，后足趾间有蹼
身体细长，呈流线型，
圆筒状，体表被有又粗
又密的针毛，呈棕黑色
或咖啡色

别名：无　　科属：食肉目海豹科象，海豹属
孕期：约 11 个月

象海豹

象海豹是体型最大的海豹。它形似没有长牙齿的海象。雄性与雌性不同的是拥有独特的长鼻子，不仅能伸缩、膨胀，而且如果情绪激烈波动，还会发出响亮的声响。它反应较慢、行动迟缓，可谓是“泰山崩于前而色不变”，就算人们在它的近旁活动，它也泰然处之，继续在沙滩上睡觉。只有一点需特别注意，那就是不能到它的背后活动，否则会激怒它，因为它最恐惧的是切断它回大海的路。

- 大小：雄性体长 4 ~ 6 米，体重 2 ~ 3.6 吨；雌性体长约 3 米，体重 1 ~ 2.5 吨。
- 栖息环境：喜欢较寒冷的海域。
- 分布：大西洋、太平洋、印度洋等海域。

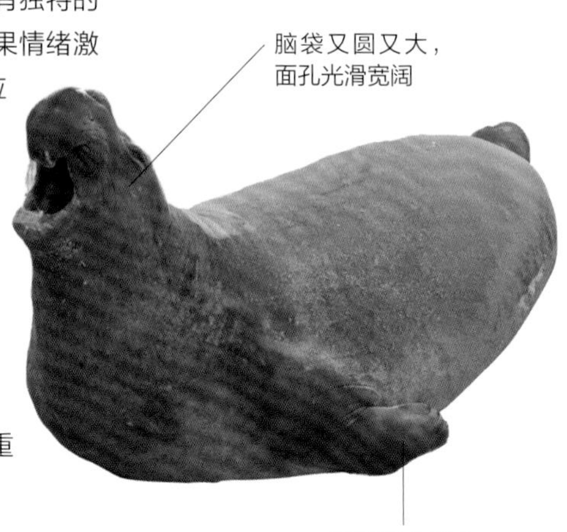
脑袋又圆又大，面孔光滑宽阔
胸鳍很少用来游泳

眼睛上方倒插着3～4根又粗又硬的毛发
眼睛向外突出，像玻璃球似的，并且常常流“眼泪”
肥胖的两腮装饰着几根胡须
后肢萎缩，成为尾巴和尾鳍的一部分，后肢并不适合在陆上运动
每一只脚都有 5 只有蹼的脚趾

社群单元：群居 | **采食：以磷虾和鱼类为食**

别名：新西兰海豚、背豚、隐喙豚　　科属：鲸目海豚科
孕期：11 ~ 12 个月

大西洋黑白海豚

大西洋黑白海豚是中国国家二级保护动物，属于智商较高的海洋哺乳动物。它拥有特殊的睡觉方式，两个半球的大脑通常不会同步休息，一般一个半球睡觉，另一个半球则保持清醒的状态，一段时间后，再交换休息。所以，它在睡觉时通常是睁一只眼闭一只眼的状态，就算是这种状态下，它也一直在游动。它是食物链顶端的终极猎食者，在海洋动物中，只有鲨鱼会对它的生存构成威胁。因此，它所面临的生存困境主要来自人类。

- 大小：体长约 1.8 米，体重约 40 千克。
- 栖息环境：近海岸区域。
- 分布：新西兰近海。

前背部先急剧隆起，后向尾部渐低，状似驼背大麻哈鱼
头较长
鳍肢前、后缘接近于平行，末端圆
尾鳍较小，其宽小于体长的 1/5
背鳍小，上端钝，位于身体中部
喙略长，与额部界限不清

社群单元：群居 | 采食：以头足类、甲壳类、鲱鱼以及其他小型鱼类为食

别名：尖嘴海豚、胆鼻海豚　　科属：鲸目海豚科，宽吻海豚属
孕期：约 11 个月

宽吻海豚

宽吻海豚是海豚的一种，也是与人类接触最多的海洋动物之一。它性情温顺、聪明活泼，常被训练为表演者，深受人类喜欢。它喜欢在大海中尾随船只前行，有时还会跃水腾空，景象非常壮观。它的社会化程度很高，群体中的宽吻海豚不仅会合作捕猎，而且还会共同救助群体中受伤或生病的其他个体，这样可有效保证种群的延续。

- 大小：雄性体长 2.5 ~ 2.9 米，体重 300 ~ 350 千克，雌性身长 1.9 ~ 2.1 米，体重 170 ~ 200 千克。
- 栖息环境：生活在大陆架附近的浅海里，偶见于淡水之中。
- 分布：世界各海域，以热带沿海最多。

中等尺寸的鲸类，雌性通常比雄性大，体形纤细，呈流线型

钩状弯曲的背鳍（也存在其他形态）
喙部较短，喙部形态从宽短到狭长各不相同
体侧胸鳍用来控制方向
尾鳍呈灰黑色

社群单元：群居　|　采食：主要以鱼类和软体动物为食

别名：海狸　科属：啮齿目河狸科，河狸属
孕期：约 106 天

河狸

河狸是半水栖的哺乳动物，体型较大。它通常居住在洞穴中，并习惯把洞穴建在水源处的树根下或土质岸旁。它所建造的洞穴会对环境产生重要影响，可谓是动物中最著名的“建筑师”。它通常会用咬断的大树建造堤坝，形成一个封闭的池塘，然后在池塘中建造冬屋。它在建造房屋时，通常会用泥巴加固堤坝，不仅能防风雨，还能抵御低温和防御捕食者。

◐ 大小：体长 60 ~ 100 厘米，尾长 21 ~ 38 厘米，体重 17 ~ 30 千克。

◐ 栖息环境：寒温带针叶林和针阔混交林林缘的河边。

◐ 分布：主要分布在美洲北部，亚洲、欧洲的数量很少，在中国，新疆维吾尔自治区青格里河、布尔根河和它们交汇的乌伦古河是河狸的唯一分布区。

眼小
前肢短宽，无前蹼

耳小
体形肥壮，身上的皮毛细密光亮
头短而钝
后肢粗大，趾间有全蹼，并有搔痒趾，趾端有铲状的爪

社群单元：群居 | **采食：以多种植物的嫩枝、树皮、树根为食，也食水生植物**

别名：无　　科属：鳍足目海狮科
孕期：约 12 个月

海狮

海狮是生活在北半球的海洋哺乳动物。它们性情温和，听觉和嗅觉较灵敏，但视觉较差。它的社会化程度非常高，拥有成员间的多种通信方式。它可在陆地上结成上千头的大群，但也常在海上发现数十头的小群。它们的食量很大，为了填饱肚子，白天的绝大部分时间都待在海里捕食，雄性甚至每月要用 2 ~ 3 周的时间出去觅食。它们白天只偶尔在陆地上晒太阳，而夜晚则一般在岸上睡觉，此外，雌性和幼仔比雄性在陆地上的时间相对要多。它们一般没有固定的栖息场所，但繁殖期除外。

➲ 大小：体长不超过 2 米，体重不超过 200 千克。

➲ 栖息环境：无固定生活空间，多生存在食物充足的地方，一些物种生活在北极圈内，而其他则生活在温暖海域。

➲ 分布：太平洋，主要在美国西北部沿海、南美洲沿海以及澳大利亚西南部沿海。

胸及腹部色深，雌性体色比雄兽淡，没有鬃毛

外耳壳较小
背部毛色较浅

社群单元：群居 | 采食：以鱼类、乌贼、海蜇和蚌为食，也吃磷虾，有时会吃企鹅

吻部钝
肢呈鳍状，大部分隐于皮下，后肢在身体的后端与发达的尾部连在一起，为主要的游泳器官
前肢较后肢长且宽，前肢第一趾最长，爪退化，后肢的外侧趾较中间三趾长而宽，中间三趾有爪
面部短宽
眼较小
体形较小，呈纺锤状

别名：无　　**科属：**偶蹄目河马科，河马属
孕期：210 ~ 255 天

河马

河马体型巨大，以杂食为主，生活在淡水中。它虽然也常在陆地上活动，但如果长时间离开水，皮肤会变得干燥，甚至出现皮裂的现象。因此，它几乎所有的白天时间都待在水里，用水来降低体温，以防止皮肤干裂，可在水里觅食、交配、产仔、哺乳等，夜间则在岸上睡觉。此外，它还能分泌一种红色液体作天然防晒剂，不仅可以湿润皮肤，还可以防止蚊虫叮咬。

- 大小：体长约 3.3 米，肩高约 1.5 米，体重 0.9 ~ 1.8 吨。
- 栖息环境：一般生活在河流、湖泊、沼泽附近水草繁茂和有芦苇的地带，有些栖息的海拔高度可以达到 2400 米。
- 分布：非洲。

四肢短，前后肢上各有大小几乎相等的4趾，趾尖有蹄，其形状如同扁爪，趾间略微有蹼
头硕大，眼睛、鼻孔、耳壳等都生在面部上端，几乎在同一个平面上
尾较小

社群单元：群居 | **采食：主要以水生植物为食，水草缺少时，也会主动捕食其他食草动物**

耳较小
眼小
躯体粗圆，皮较厚，厚达4～5厘米，除吻部、尾、耳有稀疏的毛外，全身皮肤裸露，呈紫褐色
嘴特别大，比现存陆地上任何一种动物的嘴都大，并且可以张开呈90度角，嘴里的牙也很大

别名：逆戟鲸、杀人鲸　　科属：鲸目海豚科，虎鲸属
孕期：约1年

虎鲸

虎鲸是体型最大的海豚。它呈纺锤形，体表光洁滑润，外面很厚的脂肪，则可以保存身体热量。它性情凶猛，主要捕食企鹅、海豹等，甚至还会袭击其他鲸类，被誉为“海上霸王”。它能发出62种代表不同含义的声音，有“语言大师”之称。另外，它还能发射可以判断鱼群的大小和方向的超声波，这使它能够准确地捕捉鱼群。

- 大小：身长8～10米，体重约9吨。
- 栖息环境：海洋区域，从赤道到极地，对水温或海洋深度没有严格的限制。
- 分布：全世界的海域，如地中海、鄂霍次克海、加利福尼亚湾、墨西哥湾、红海和波斯湾等。

体背面为黑色
腹面大部分为雪白色
身体为黑、白两色

背鳍高而直立，弯曲长达1米
两眼的后面各有一块梭形的白斑

社群单元：群居 | 采食：以鱼类、其他鲸类、鳍足类、海獭类、鸟类、爬行类和头足类为食

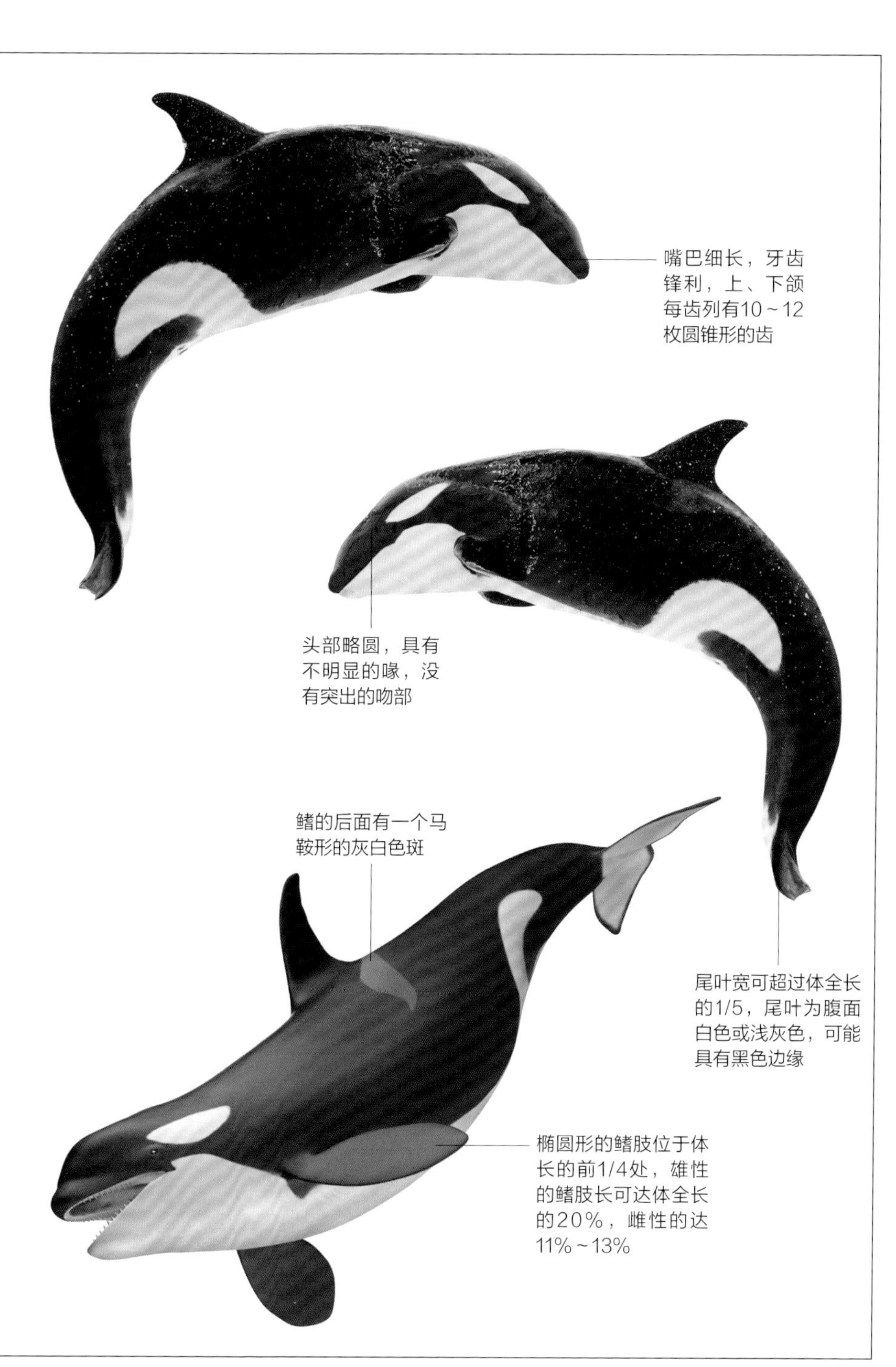
嘴巴细长，牙齿
锋利，上、下颌
每齿列有10～12
枚圆锥形的齿
头部略圆，具有
不明显的喙，没
有突出的吻部
鳍的后面有一个马
鞍形的灰白色斑
尾叶宽可超过体全长
的1/5，尾叶为腹面
白色或浅灰色，可能
具有黑色边缘
椭圆形的鳍肢位于体
长的前1/4处，雄性
的鳍肢长可达体全长
的20%，雌性的达
11%～13%

别名：贝鲁卡鲸、海金丝雀　　科属：鲸目一角鲸科，白鲸属
孕期：约 1 年

白鲸

白鲸浑身上下呈现出独特的雪白色。它的游速比较慢，并且喜欢生活在海面或贴近海面处，因此，肉眼极难分辨。它能够发出几百种不同的声音，可谓是“口技”专家，通常用这些声音来表达感情和加强联系。它没有太多锋利的牙齿去咀嚼食物，一般是把整个食物吸入口中，所以其捕食的猎物不宜太大，否则可能会被噎住。

- 大小：体长 3 ~ 5 米，体重 0.4 ~ 1.5 吨。
- 栖息环境：北冰洋及附近海域。
- 分布：欧洲北部、美国的阿拉斯加以及加拿大以北的海域中。

躯体粗壮，呈白色或黄色

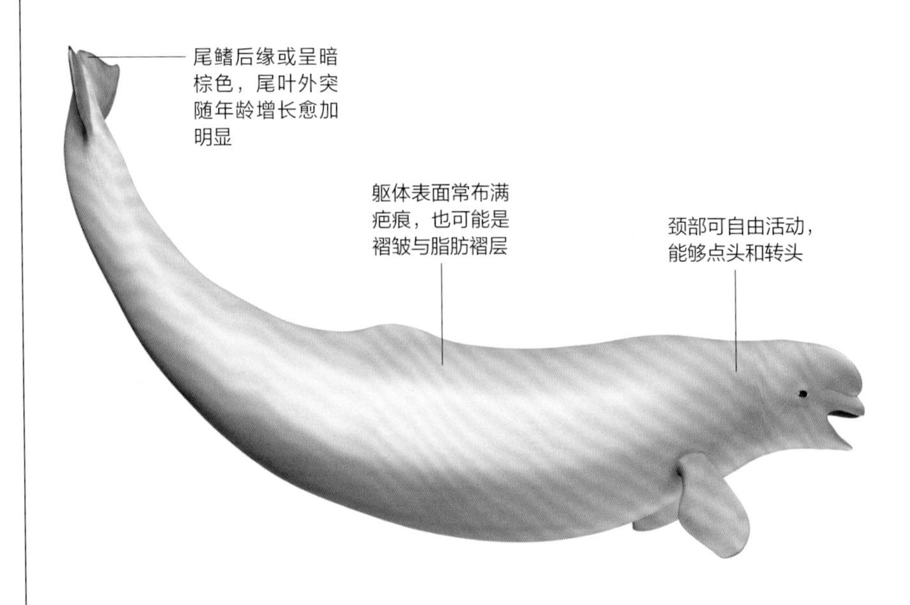
尾鳍后缘或呈暗棕色，尾叶外突随年龄增长愈加明显
躯体表面常布满疤痕，也可能是褶皱与脂肪褶层
颈部可自由活动，能够点头和转头

社群单元：群居 | **采食：捕食胡瓜鱼、比目鱼、杜父鱼、鲑鱼和鳕鱼等，也食用无脊椎动物**

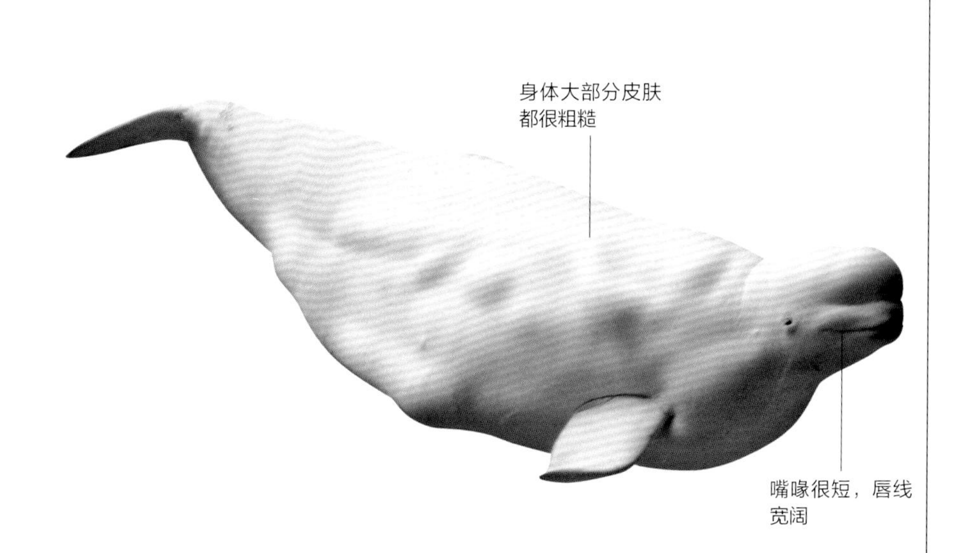
身体大部分皮肤
都很粗糙
嘴喙很短，唇线
宽阔

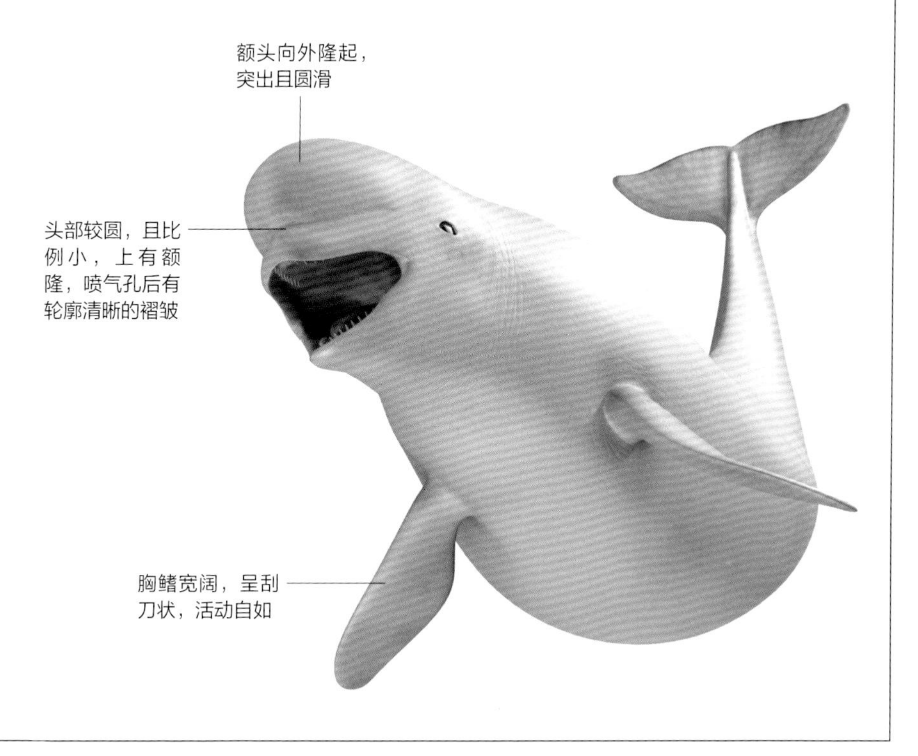
额头向外隆起，
突出且圆滑
头部较圆，且比
例小，上有额
隆，喷气孔后有
轮廓清晰的褶皱
胸鳍宽阔，呈刮
刀状，活动自如

别名：独角鲸、长枪鲸　科属：鲸目一角鲸科，一角鲸属
孕期：约 15 个月

一角鲸

虽然名为“一角鲸”，但其前伸的长尖部分却并不是角，而是牙齿，可长达 2.7 米，也是一角鲸最突出的特征。它擅长潜水，可在海洋各层觅食，最深处可超过 1000 米，潜水时间达 20 分钟。它没有功能性的牙齿，因此，通常是将整个猎物吸入口中，然后吞下。它的种群分布与迁移一般与北极地区的海冰分布有关。它是群居动物，通常会形成包括数百头鲸的大群，夏季，群体成员关系较为密切，冬季，则由于浮冰的大量存在，群体成员之间的联系较为分散。

- 大小：体长 3.5 ~ 4.1 米，体重 800 ~ 1600 千克。
- 栖息环境：较寒冷的近北极海域。
- 分布：不规则地分布在北极水域和北大西洋。

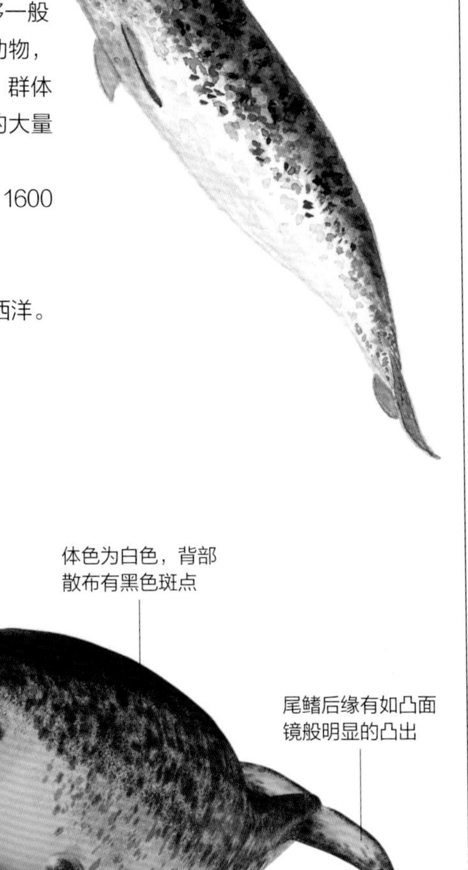
头部小而圆，没有凸出的嘴喙
额隆凸出，嘴部的前方呈小幅度上翘
体色为白色，背部散布有黑色斑点
尾鳍后缘有如凸面镜般明显的凸出
胸鳍小而宽阔，较短，末端微往上弯

社群单元：群居 | 采食：主要捕食远洋鱼类（特别是鳕鱼）、鱿鱼、虾以及底栖生物等

别名：巨抹香鲸、卡切拉特鲸　科属：鲸目抹香鲸科，抹香鲸属
孕期：12 ~ 18 个月

抹香鲸

抹香鲸体型巨大，头部占身体的 1/3，尾部则很小，看起来就像一只大蝌蚪。它擅长潜水，可潜至 2200 米处，并能在水下待 2 小时之久，是潜水最深、潜水时间最长的哺乳动物。它在哺乳动物中体温偏低，其平均体温为 35.5℃。它有很厚的皮下脂肪层，平均厚 13 ~ 18 厘米，可适应海水的温度变化，并形成了一层天然绝热屏障。

◎ 大小：雄性体长 11 ~ 20 米，雌性体长 8.2 ~ 18 米，体重 25 ~ 45 吨。

◎ 栖息环境：南北纬 70 度之间的海域，其中以资源丰富的深海海域为最。

◎ 分布：全世界不结冰的海域，由赤道一直到两极都可发现它的踪迹。

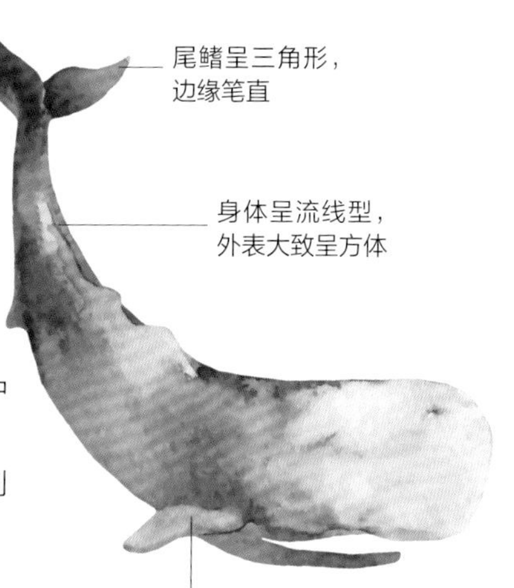
尾鳍呈三角形，
边缘笔直
身体呈流线型，
外表大致呈方体
前肢成鳍，前臂退化，
掌部变长，趾数增加，
但从外部看不出趾和爪

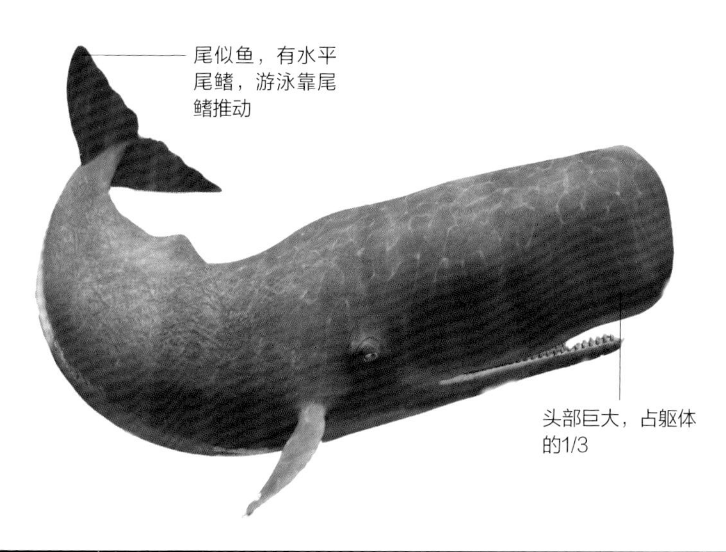
尾似鱼，有水平
尾鳍，游泳靠尾
鳍推动
头部巨大，占躯体
的1/3

社群单元：群居 | **采食：主食大型乌贼、章鱼、鱼类等**

别名：克鲸、掘贝者、弱鲸　科属：鲸目灰鲸科，灰鲸属
孕期：约 12 个月

灰鲸

灰鲸因身体颜色整体偏灰而得名。它身体上还分布着许多白色斑点。它的腹部颜色较淡，身体后部的皮肤主要是由于岩石擦伤或寄生物附着而呈斑驳状。它擅长潜水，潜水深度约为 100 米，可在水下前进约 1000 米，持续时间则一般为 17 ~ 18 分钟。

- 大小：体长 10 ~ 15 米，体重 30 ~ 35 吨。
- 栖息环境：温带海域。
- 分布：北太平洋、北大西洋等温带海域，包括加拿大、墨西哥、俄罗斯、美国、中国、日本、朝鲜、韩国等国家的海域。

头长约为体长的1/5
体形呈纺锤状，躯干粗胖，鳍肢附近最粗，尾部逐渐变细
全身呈褐灰色至浅灰色，且密布浅色斑
背脊上有8～15个低的峰状突，第一个峰状突最大，越靠近尾部越小
头后腹侧有一对较小的鳍肢，宽而短，呈桨状，梢端尖
尾叶宽大，后缘呈平滑的“S”形

社群单元：群居 | 采食：主要以浮游性小甲壳类、鲱鱼的卵以及其他群游鱼类为食

别名：剃刀鲸　科属：鲸目鳁鲸科，鳁鲸属
孕期：10 ~ 12 个月

蓝鲸

蓝鲸是地球上体积最大的生物，但由于它是海洋动物，因此，它不需要为支撑巨大身体而费力。身躯庞大可保持体温恒定。它的身体呈似剃刀的流线型，因此，又被称为“剃刀鲸”。它拥有巨大的力量，能发出的功率为1500 ~ 1700 马力，在动物界中无人能敌。它通常白天在水下觅食，可下潜至水下 100 米，夜晚再到水面上来。

背鳍特别短小，高约0.4米，其长度不及体长的1.5%，位于体后的1/4处

尾巴宽阔而扁平

◎ 大小：体长 22 ~ 33 米，体重150 ~ 240 吨。

◎ 栖息环境：温暖海水与冰冷海水的交汇处。

◎ 分布：全球四大洋均有分布，但以南极海域数量最多。

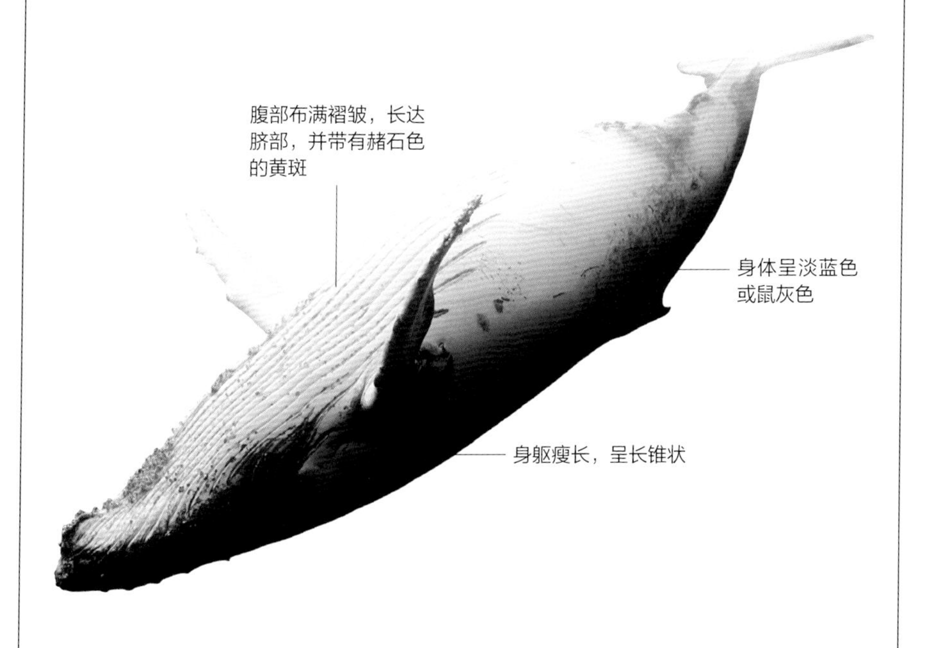
腹部布满褶皱，长达脐部，并带有赭石色的黄斑
身体呈淡蓝色或鼠灰色
身躯瘦长，呈长锥状

社群单元：群居　|　采食：主要以小型甲壳类、小型鱼类以及浮游生物为食

别名：大翅鲸、驼背鲸、巨臂鲸、锯臂鲸　科属：鲸目须鲸科，座头鲸属
孕期：约 10 个月

座头鲸

座头鲸身躯庞大，体态臃肿。它的名字来源于日文，有“琵琶”的意思，主要是指其背部形状像琵琶。它常挥着超长的前翅跃出水面，姿势优美。它性情温顺，且叫声复杂。它的游速较慢，为每小时 8 ~ 15 千米，夏季，常到冷水海域觅食，冬季，则回到温水海域繁殖。它由于食道直径太小，因此，主要以磷虾或小鱼为食，不能吞食较大的食物。

- 大小：体长 13 ~ 15 米，体重 25 ~ 30 吨。
- 栖息环境：世界各主要海洋。
- 分布：世界各大洋，中国分布于黄海、东海、南海，黄海北部较少，台湾南部海区较多。

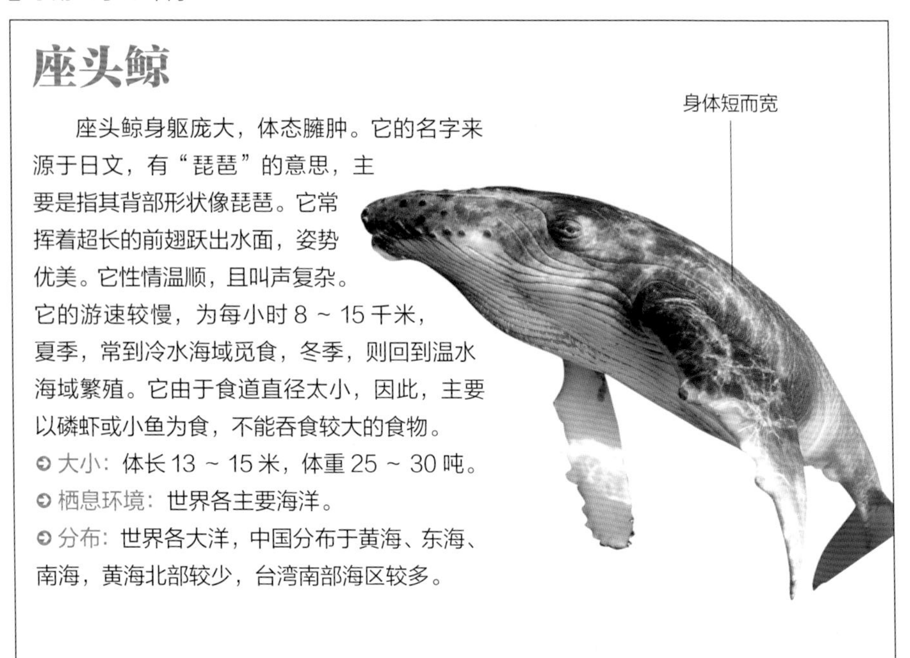
身体短而宽

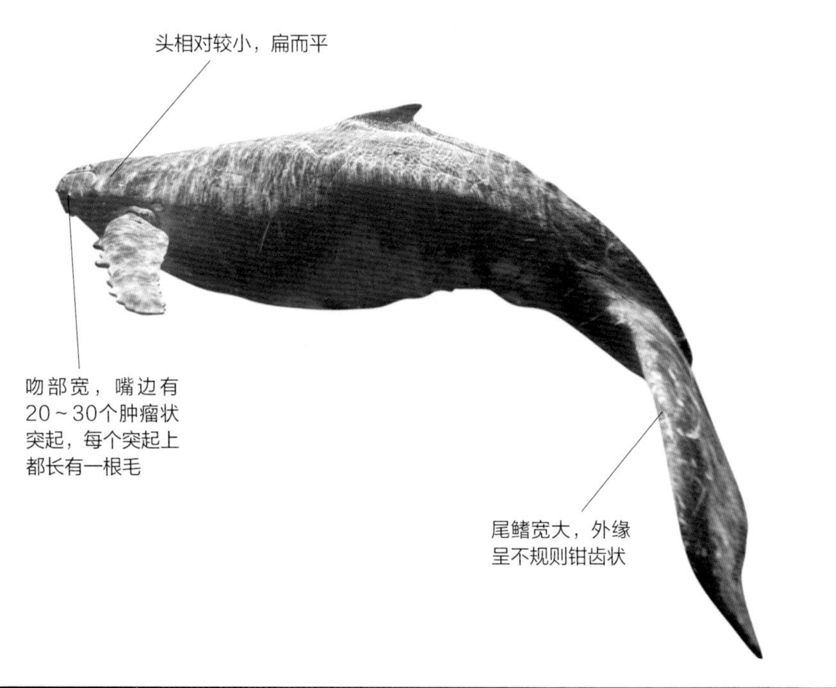
头相对较小，扁而平
吻部宽，嘴边有20~30个肿瘤状突起，每个突起上都长有一根毛
尾鳍宽大，外缘呈不规则钳齿状

社群单元：群居 | 采食：以小甲壳类和群游性小型鱼类为食，主要以磷虾为主

别名：无　　科属：鲸目鼠海豚科，江豚属
孕期：11 ~ 18 个月

江豚

江豚是淡水生物，喜欢在水中嬉戏玩耍，可在水面掀起数十米高的涌浪，通常潜入水底觅食，但会频繁露出水面。如果发现猎物，一边向前冲，驱赶鱼群，一边用尾部击水，将鱼群惊散，然后再转动头部为鱼群准确定位，并迅速接近猎物。一旦咬住猎物，它就会调整头部，使猎物正对着咽喉部位，然后快速吞下。

尾鳍较大，分为左右两叶，呈水平状

体形较小，全身为蓝灰色或瓦灰色

吻部短而阔，上下颌几乎一样长

- 大小：体长 120 ~ 190 厘米，体重 100 ~ 220 千克。
- 栖息环境：通常栖于咸淡水交界的海域，也能在大小河川的下游地带生活。
- 分布：太平洋、印度洋等热带至暖温带水域。

社群单元：独居或成对居住 | **采食：以青鳞鱼、玉筋鱼、鳗鱼、鲈鱼等鱼类和虾、乌贼等为食**

别名：无　　科属：鳍脚目海象科，海象属　　孕期：11 ~ 13 个月

海象

海象是除鲸类外最大的海洋动物，长而尖的獠牙是它最显著的特征，既可以作防卫武器，又可以作挖掘蚌蛤、虾蟹等的工具，还可以支撑身体。它主要在海里活动，依靠流线型的身体、发达的肌肉以及强有力的鳍状肢行动自如，可完成觅食、求偶、交配等活动，在陆地上则行动缓慢，通常用獠牙和短后肢支撑行走。

长着两枚长长的牙

身体呈圆筒形，体形庞大，粗壮而肥胖

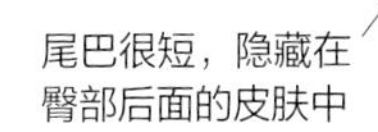
尾巴很短，隐藏在
臀部后面的皮肤中

- 大小：雄性体长 3.3 ~ 4.5 米，体重 1200 ~ 3000 千克；雌性体长 2.9 ~ 3.3 米，体重 600 ~ 900 千克。
- 栖息环境：北极或近北极的海域。
- 分布：以北冰洋为中心，也包括大西洋和太平洋最北部的海域。

社群单元：群居 | **采食：主要以瓣鳃类软体动物为食，也捕食乌贼、虾、蟹和蠕虫等**

别名：长箦鲸、鳍鲸、长绩鲸　　科属：鲸目须鲸科，须鲸属
孕期：11 ~ 12 个月

长须鲸

长须鲸体型巨大，游速较快，其时速可达 37 千米，最高为 40 千米，被誉为“深海格雷伊猎犬”。它的进食极具特色，先以时速 11 千米的速度高速前进，吞下海水约 70 立方米，然后闭上嘴巴，海水从鲸须吐出，鱼虾等则成为长须鲸的食物。它善潜水，可在水下 250 米处待 10 ~ 15 分钟。由于它的喷气孔较窄，在水面呼吸时，喷出的气体及液体可达 6 米之高。

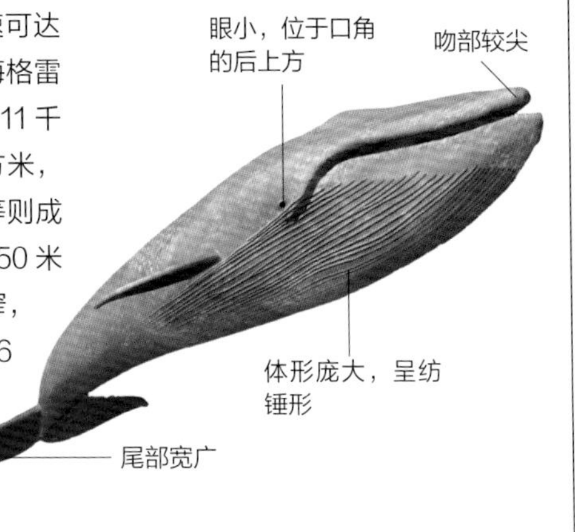
眼小，位于口角的后上方
吻部较尖
体形庞大，呈纺锤形
尾部宽广

- 大小：长约 25 米，体重约 70 吨。
- 栖息环境：较为寒冷的海域。
- 分布：南极海域。

社群单元：独居　|　**采食：主要以磷虾类、糠虾类、桡足类等小型甲壳动物为食**

别名：无　　科属：食肉目鼬科，鼬属　　孕期：90 ~ 100 天

北美水貂

北美水貂善游泳，喜嬉水，半水栖。它性情凶猛，行动敏捷，听觉和嗅觉也很灵敏，常用偷袭的方式在夜间猎食。它在近水源且有草丛或树丛处建造洞穴，洞口一般在隐蔽处，洞长约 1.5 米，内铺有羽毛和干草。它的毛细腻柔软，皮轻薄而弹性十足，可制作高级毛皮制品，偷猎者为了牟取暴利以身试险，致使野生北美水貂数量急剧减少，已经到了濒临灭绝的状态。

- 大小：体长 30 ~ 53 厘米，体重约 1.62 千克。
- 栖息环境：溪流岸边的洞中或岩石缝间。
- 分布：北美洲。

耳呈半圆形，不能摆动
体毛黄褐色或深棕色
四肢粗壮，前肢比后肢略短，指、趾间有蹼

社群单元：独居　|　**采食：喜食小型啮齿类、鸟类、两栖类、鱼类以及鸟蛋和某些昆虫等**

索引